"十四五"普通高等教育部委级规划教材

Animate CC 二维动画基础与项目实践

张新鸽 王羽潇 苏菲 编 著

U0740806

中国纺织出版社有限公司

内 容 提 要

本书介绍了Animate CC 2023的基本功能、使用方法以及在项目实践中的操作技巧，具体包括Animate CC 2023基础知识及应用，动画角色绘制技法，古诗插画绘制技法，元件和库，简单动画的制作，以及骨骼动画和关联动画。本书依据学生认知发展规律，循序渐进，内容翔实，清晰易懂，实例分析言简意赅，图文并茂，以问题引导、重点知识穿插其中的方式对案例进行详细介绍，方便读者融会贯通，提高对Animate CC基本功能的掌握和应用。

本书的读者对象为动画及数字媒体艺术相关专业教师、学生，动画业余爱好者及平面设计从业人员，Animate CC 2023的初级用户、中级用户。

图书在版编目（CIP）数据

Animate CC二维动画基础与项目实践 / 张新鸽，王羽潇，苏菲编著 . -- 北京：中国纺织出版社有限公司，2025.5. -- （"十四五"普通高等教育部委级规划教材）. -- ISBN 978-7-5229-2659-9

Ⅰ . TP391.414

中国国家版本馆 CIP 数据核字第 2025GK9421 号

责任编辑：朱昭霖　　责任校对：高　涵　　责任印制：王艳丽

中国纺织出版社有限公司出版发行
地址：北京市朝阳区百子湾东里A407号楼　邮政编码：100124
销售电话：010—67004422　传真：010—87155801
http://www.c-textilep.com
中国纺织出版社天猫旗舰店
官方微博http://weibo.com/2119887771
北京华联印刷有限公司印刷　各地新华书店经销
2025年5月第1版第1次印刷
开本：787×1092　1/16　印张：11.5
字数：200千字　定价：59.80元

凡购本书，如有缺页、倒页、脱页，由本社图书营销中心调换

前言

Adobe Animate CC（以前称为 Flash Professional）是一款功能强大的二维动画制作工具，被广泛应用于二维动画制作、互动内容、网页动画、广告设计、影视动画片头和特效以及移动应用开发等各种动画制作领域。它在动画公司和文化创意团队中有着多种应用，涵盖了从网页动画到复杂的多媒体内容创作。

本书以企业项目为导向，采用产教融合模式，将可可小爱IP品牌动画项目内容细分到六章中，引导学生从项目实践中了解、认识和掌握Animate CC 2023。具体包括Animate CC 2023基础知识及应用，动画角色绘制技法，古诗插画绘制技法，元件和库，简单动画的制作，以及骨骼动画和关联动画。

本书面向动画及数字媒体艺术相关专业教师、学生、动画业余爱好者，以及Animate CC 2023的初级用户、中级用户，采用项目导向、产教融合、循序渐进的讲解方法，将理论与实践深度融合，除了为读者提供了清晰扎实的理论基础知识，还拓展了读者的思维，使读者能够独立解决实战应用问题。

本书基于国内外行业优秀典型案例，每章都有不同类型的实战项目，适合教师引导学生上机实践教学。本书中的每个项目案例都经过编写者多次讨论、筛选，可以启发读者的想象力，调动读者学习主动性和实践的兴趣。将案例应用与中华民族优秀传统文化、商业项目相结合，案例实用性、技术含量高，满足了行业发展需求。配套资源丰富，方便教学。

本书附带丰富的学习资料和视频教程，包括每一章的实践素材、源文件、教学视频和PPT课件。读者可以在学习本书内容后，运用数据库中的资源进行反复深入地学习。

为了方便读者理解，本书在描述上进行以下统一：本书中出现的重要命令将用方头括号"【 】"和文字加粗方式，以示区分。此外，由于本书重在演示案例的操作步骤，为了使读者更清晰易懂地了解操作步骤，步骤之间用一字线"—"表示。例如，选择右侧【属性】面板中的【对象】，在选择【矩形选项】命令，就用选择右侧【属性】—【对象】—【矩形选项】来表示。

用加号"+"连接的2个或3个键表示同时操作。例如，Ctrl+Shift+V是指按下Ctrl键的同时，按下Shift键以及V键。

用文字和括号"（）"表示工具和快捷键。例如，油漆桶工具（K）表示K是油漆桶工具的快捷键。

本书由桂林理工大学教材建设基金资助出版，张新鸽老师、王羽潇老师和苏菲老师编著。张新鸽老师负责全书的编写，王羽潇老师提供书中所有"可可小爱"品牌相关图片、动画源文件和企业项目要求标准，苏菲老师对专业知识内容进行矫正和复核。本书的出版凝结了三位老师的心血，同时还要由衷感谢对本书出版给予帮助的编辑老师们。

由于作者水平有限，加之时间仓促，疏漏在所难免，希望广大读者批评指正。

张新鸽

2025 年 1 月

目录
CONTENTS

第一章

Animate CC 2023基础知识及应用

能力目标

1. 熟悉 Animate CC 2023 的动画制作流程
2. 熟悉 Animate CC 2023 的安装方法和软件界面
3. 掌握 Animate CC 2023 的基本操作方法

知识目标

1. 了解 Animate CC 2023 的历史发展过程
2. 知道 Animate CC 2023 的行业应用现状

情感目标

1. 激发学生对学习的兴趣和热情
2. 增强民族文化自信

第一节　Animate CC 2023 概述

了解 Animate CC 的发展历程和行业发展现状，有助于读者深入认识 Animate CC 2023 在动画创作中的重要作用，激发使用 Animate CC 2023 软件创作二维动画的兴趣和热情。本节将从 Animate CC 的发展历史和 Animate CC 2023 的行业应用现状两个方面，对 Animate CC 2023 进行概述。

一、Animate CC 的发展历史

Adobe Animate CC 2023 缩写为 An 2023，其前身 Flash Professional 有着悠久的发展历史和显著的影响力。它经历了多次演变和升级，适应了动画和互动内容创作不断变化的需求。

从 Flash 到 Animate 的发展主要分为四个阶段：第一个阶段为 1996—2005 年，Macromedia Flash 时期。1996 年，最早由 Future Wave Software 开发的名为 Future Splash Animator 的动画软件被 Macromedia 公司收购，并重命名为 Macromedia Flash。在此后的 10 年间，Flash 成为当时最流行的网页动画和互动媒体工具，用于创建网页动画、游戏、互动广告和流媒体内容。第二个阶段是 2005—2016 年，Flash 加入 Adobe 家族。Adobe 公司收购了 Macromedia，将 Flash 与旗下的其他产品（如 Photoshop、Illustrator 等）进行整合，进一步增强了其创作能力。Flash 成为创建富媒体网页内容（Rich Internet Application，RIA）的核心工具，广泛应用于多媒体网站、在线游戏和动画影片制作中。第三个阶段是 2016 年至今，Flash 更名为 Adobe Animate。由于 HTML5 标准的兴起，以及 Flash 技术在安全性和性能上的限制，Adobe 决定重塑 Flash 的品牌形象，将 Flash Professional 重命名为 Adobe Animate，如图 1-1 所示。

Adobe Animate 开始将重心转向 HTML5 Canvas 和 WebGL 等现代标准，以更好地支持网页动画和互动内容的创建。之后，Adobe Animate 不断推出新功能，如骨骼动画、动作捕捉、矢量工具优化、资源库管理等，使其更加适合现代动画制作者的需求。同时，Adobe 公司强化了其与 Creative Cloud 的集成，提高其与其他 Adobe 软件（如 After Effects、Photoshop、Illustrator）的兼容性。

Adobe Animate（及其前身 Flash）的发展极大地推动了互联网动画和互动内容的发展。它不仅影响了网页设计、广告、动画和游戏开发领域，还启发了大量创作者使用数字工具表达他们的创意。虽然 Flash 技术在今天逐渐淡出了人们的视野，但 Adobe Animate 将继续引领着网页和多媒体内容的创作，为现代动画的未来奠定了坚实基础。

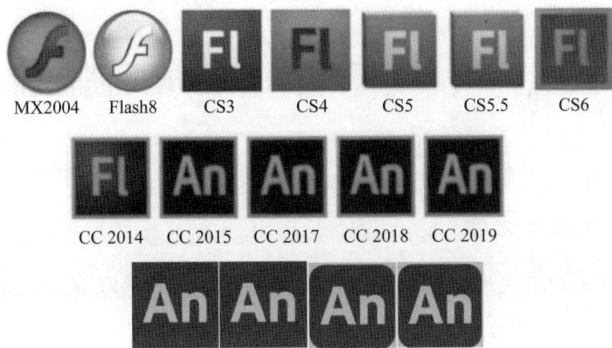

图1-1 Animate CC Logo的演变过程

二、Animate CC 2023的行业应用现状

目前，Animate CC凭借其便利的制作流程，短小精炼的动画效果，在全球范围内都被广泛应用于动画制作、游戏开发、网页和互动广告、教育和科普内容以及用户体验设计（UI/UX）。

在动画制作中，Animate CC用于二维动画片、短片、动画广告的制作。Animate CC在制作帧动画和角色动画方面的强大功能使其在动画公司中非常受欢迎。例如，"可可小爱"系列动画，如图1-2所示；《喜羊羊与灰太狼》《泡芙小姐》、"小破孩"系列、*Yoyotoki*：*Happy Ears*等。

在小型和中型2D游戏开发中，Animate CC被用于创建角色动画、背景动画和互动游戏元素。例如，平台跳跃类游戏*Super Fancy Pants Adventure*、冒险类游戏*Corgi Warlock*、塔防类游戏、消消乐游戏、互动视觉小说或故事类游戏等。这些例子展示了Animate CC在不同类型游戏创作中的应用。尽管随着技术的发展，许多开发者转向了Unity或其他更现代的引擎，但Animate CC在2D动画游戏制作中仍然保持着重要地位，特别是在网页和移动设备平台上。

随着移动媒体的发展，Animate CC重新获得动画设计师和独立设计师的喜爱，他们制作各种风格的动画短片，如搞笑、科普、音乐MV等，被广泛应用于B站、抖音、快手、小红书等平台。例如，Xi酱酱发布的《洪水自救指南》动画。

图1-2 Animate CC的动画应用

第二节 Animate CC 2023动画制作流程

目前，在二维动画制作领域，使用Animate CC 2023进行动画制作的流程与传统数字二维动画流程虽然在整体架构上类似，但由于现代软件技术的进步和制作效率的提升，在具体操作上有许多区别。为了更准确地描述动画创作的流程，本节将从以下几个方面进行详细讲解。

一、前期创作

前期创作阶段仍然是动画制作流程中至关重要的一部分，它为整个项目奠定了基础。主要包括以下步骤。

（一）故事创意与剧本撰写

制片人、导演、编剧会根据项目的需求和目标提出创意想法并详细撰写剧本。例如用于广告、教育、娱乐或是其他用途的剧本。动画剧本不仅包括对白，还包含每个场景的描述。动画剧本的形式有文字段落形式，如图1-3所示；也有表格形式。动画剧本不同于文学作品，动画剧本更具画面感，并且要尽量避免使用过多抽象的形容词，因为抽象的形容词会让画面分镜师较难捕捉到导演的意图，如表1-1所示。

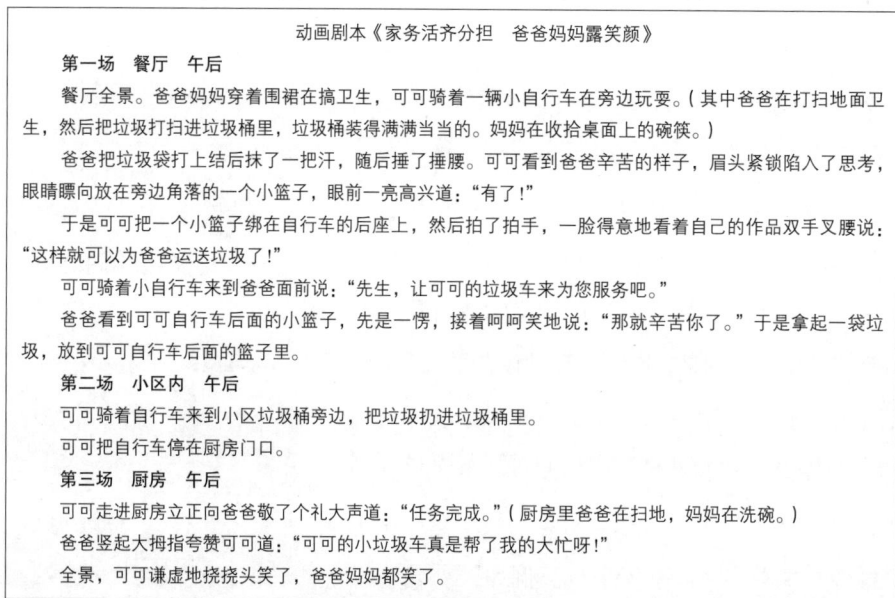

动画剧本《家务活齐分担　爸爸妈妈露笑颜》

第一场　餐厅　午后

餐厅全景。爸爸妈妈穿着围裙在搞卫生，可可骑着一辆小自行车在旁边玩耍。（其中爸爸在打扫地面卫生，然后把垃圾打扫进垃圾桶里，垃圾桶装得满满当当的。妈妈在收拾桌面上的碗筷。）

爸爸把垃圾袋打上结后抹了一把汗，随后捶了捶腰。可可看到爸爸辛苦的样子，眉头紧锁陷入了思考，眼睛瞟向放在旁边角落的一个小篮子，眼前一亮高兴道："有了！"

于是可可把一个小篮子绑在自行车的后座上，然后拍了拍手，一脸得意地看着自己的作品双手叉腰说："这样就可以为爸爸运送垃圾了！"

可可骑着小自行车来到爸爸面前说："先生，让可可的垃圾车来为您服务吧。"

爸爸看到可可自行车后面的小篮子，先是一愣，接着呵呵笑地说："那就辛苦你了。"于是拿起一袋垃圾，放到可可自行车后面的篮子里。

第二场　小区内　午后

可可骑着自行车来到小区垃圾桶旁边，把垃圾扔进垃圾桶里。

可可把自行车停在厨房门口。

第三场　厨房　午后

可可走进厨房立正向爸爸敬了个礼大声道："任务完成。"（厨房里爸爸在扫地，妈妈在洗碗。）

爸爸竖起大拇指夸夸赞可可道："可可的小垃圾车真是帮了我的大忙呀！"

全景，可可谦虚地挠挠头笑了，爸爸妈妈都笑了。

图1-3　文字段落形式动画剧本

表1-1 《家务活齐分担 爸爸妈妈露笑颜》文字分镜剧本

段落	场景	画面	时间
1	餐厅	餐厅全景。爸爸妈妈穿着围裙在搞卫生，可可骑着一辆小自行车在旁边玩耍。（其中爸爸在打扫地面卫生，然后把垃圾打扫进垃圾桶里，垃圾桶装得满满当当的。妈妈在收拾桌面上的碗筷。）	3″
2	餐厅	爸爸把垃圾袋打上结后抹了一把汗，随后捶了捶腰。可可看到爸爸辛苦的样子，眉头紧锁陷入了思考，眼睛瞟向放在旁边角落的一个小篮子，眼前一亮高兴道："有了！"	8″
3	餐厅	于是可可把一个小篮子绑在自行车的后座上，然后拍了拍手，一脸得意地看着自己的作品双手叉腰说："这样就可以为爸爸运送垃圾了！"	7″
4	餐厅	可可骑着小自行车来到爸爸面前说："先生，让可可的垃圾车来为您服务吧。" 爸爸看到可可自行车后面的小篮子，先是一愣，接着呵呵笑地说："那就辛苦你了。"于是拿起一袋垃圾，放到可可自行车后面的篮子里。	10″
5	小区内	可可骑着自行车来到小区垃圾桶旁边。把垃圾扔进垃圾桶里。	3″
6	小区内	可可把自行车停在厨房门口。	3″
7	厨房	可可走进厨房立正向爸爸敬了个礼大声道："任务完成。"（厨房里爸爸在扫地，妈妈在洗碗。） 爸爸竖起大拇指夸赞可可道："可可的小垃圾车真是都了我的大忙呀！"	7″
8	厨房	全景，可可谦虚地挠挠头笑了，爸爸妈妈都笑了。	2″
9	标板	家务活齐分担，爸爸妈妈露笑颜。	不连标板约43秒

（二）角色设计

角色设计师会在Animate CC 2023软件中为每个角色创建详细的角色设定，包括外观、表情、动作姿势等，这些设计会以概念图的形式进行展示。角色设计还会涵盖角色旋转图和姿态图，确保角色在各种角度和动态下的统一性，如图1-4~图1-6所示。

图1-4 可可旋转图

图1-5　小爱旋转图

图1-6　可可小爱表情和姿态图

（三）分镜绘制

分镜师会在Animate CC 2023中创建新项目，选择"文件"—"新建"来创建规定尺寸的新项目，确定帧速率和播放平台类型。将剧本或者文字分镜转化为一系列图画，展示动画的每个关键场景。这些分镜图用于描绘角色的位置、动作、镜头角度及镜头切换的顺序，如图1-7所示。在现代动画制作中，Animate CC 2023可以直接用于创建动态分镜，这一过程往往会整合一些初步的动画和运动模拟，帮助设计师更好地预览动画效果。

【知识链接】：动画分镜的标注方式

图1-7中的SC即Scene，镜头、场景的意思。SC-001是镜头001，一般镜头编号用三位数表示。不过也可以根据项目的时长要求估算镜头的数量，如果整个项目的时长只有30秒，镜头不超过100个，也可以使用两位数表示。

图1-7 《家务活齐分担 爸爸妈妈露笑颜》部分画面分镜

（四）动态分镜预览

分镜师在Animate CC 2023中通过将分镜图整合成一个简单的动画预览，团队可以更直观地感知时间节奏、动作流畅性和场景转换是否合理，如图1-8所示。这一步骤有助于在实际制作动画前调整和优化动画内容。

图1-8 《家务活齐分担 爸爸妈妈露笑颜》部分画面分镜预览

二、中期制作

中期制作是动画真正成形的阶段。在Animate CC 2023中，这部分有很多功能优化的流程，可使制作效率更高。

（一）布局与背景绘制

基于分镜，布局设计师会在Photoshop（简称PS）或Animate CC 2023中绘制每个场景的具体构图，包括角色和背景的相对位置，如图1-9、图1-10所示。背景设计师则会根据布局图，在Animate CC 2023中将角色、道具和背景创建为图形或元件，方便在不同场景中反复使用，减少绘制时间。绘制详细的背景图像时，通常会利用矢量工具，以便保持高质量的细节。另外，设计师们会使用Animate CC 2023里的图层管理工具，将角色和背景元素分层，以保持动画制作的条理性和清晰度。

图1-9　可可的房间

图1-10　小爱的房间

（二）逐帧动画与骨骼动画

动画制作过程是Animate CC 2023动画创作的核心。Animate CC 2023允许动画师使用逐帧动画技术绘制关键帧，以保证动作的流畅性。在Animate CC 2023的时间轴上创建不同的图层，用来分别控制角色、背景和其他动画元素，如图1-11所示。对于较复杂的动作，还可以采用骨骼动画，如图1-12所示。通过设置角色骨骼并将其绑定到角色模型上，从而实现更高效的动画制作。

图1-11　逐帧动画

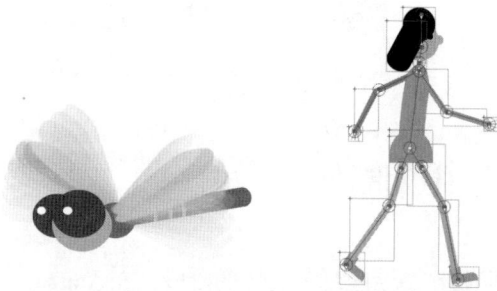

图1-12　骨骼动画

（三）动作插值与运动图形

Animate CC 2023支持动作插值功能，使动画师可以在关键帧之间自动生成过渡动画，这在表现角色走路、奔跑、小球运动等简单运动场景中尤为有效，如图1-13所示。此外，在Animate CC 2023中动画师可以利用运动图形和嵌套动画提升场景的视觉表现力，如图1-14所示。这也是Animate CC 2023能够提升动画制作效率的关键。

图1-13　自动生成过渡动画

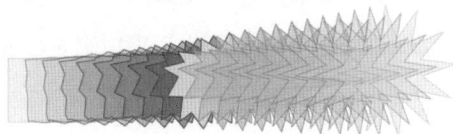

图1-14　运动图形转变

（四）特效和音效同步

在这个阶段，还会添加各种特效（如光影、火焰、烟雾等），以及同步角色的口型、动作、音效和配音，如图1-15所示。动画中的声音一般分为背景音乐、音效和配音三种类型，Animate CC 2023的音频也是在时间轴上进行处理，并根据需要进行调整。动画角色的配音流程一般是先将配音录制完成，之后导入Animate CC 2023中，再根据重音绘制口型，确保声音与动画同步，以提升动画整体的观看体验。

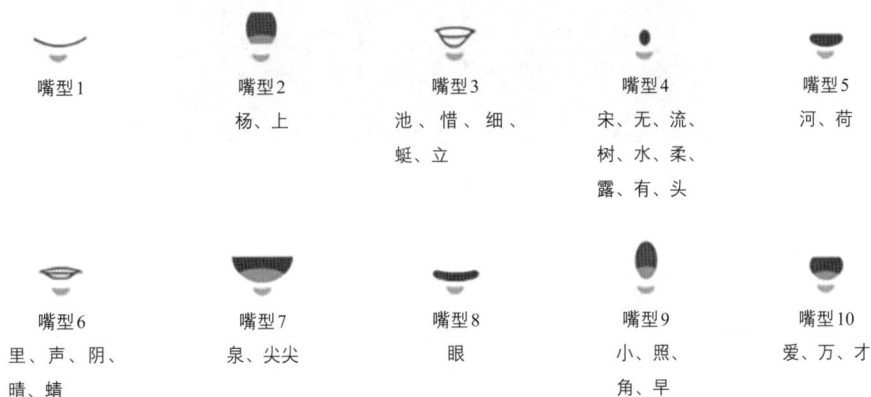

嘴型1

嘴型2
杨、上

嘴型3
池、惜、细、蜓、立

嘴型4
宋、无、流、树、水、柔、露、有、头

嘴型5
河、荷

嘴型6
里、声、阴、晴、蜻

嘴型7
泉、尖尖

嘴型8
眼

嘴型9
小、照、角、早

嘴型10
爱、万、才

图1-15　角色口型

三、后期合成

后期合成是动画完成的关键阶段。主要包含了测试、优化与导出。

（一）实时预览与调整测试

动画在真正完成前，需要进行不断的测试和调整，检查动画中的每个细节，确保所有元素的动作流畅且都与音效同步，以保证每一个镜头的流畅度和准确性。Animate CC 2023提供了实时预览功能，设计师可以随时检查动画效果，调整关键帧和补间动画。Animate CC 2023可以在软件中进行实时预览，同时可以通过发布导出swf格式进行实时预览。发布预览格式和类型可以通过发布设置进行修改，如图1-16所示。

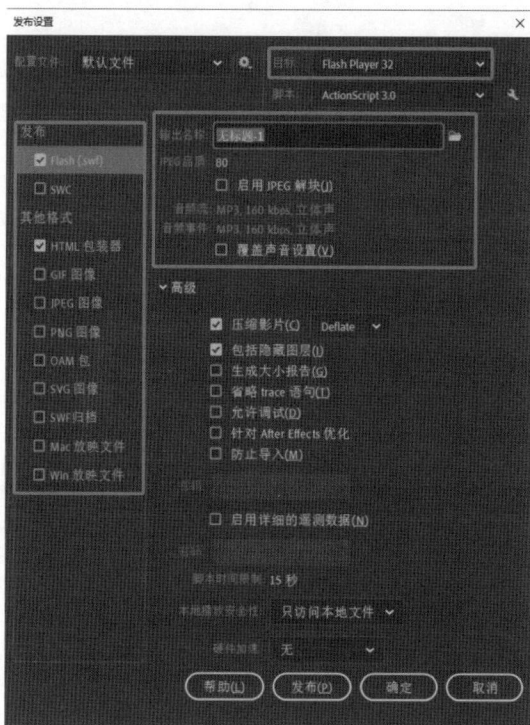

图1-16　发布设置

（二）优化与压缩导出

根据项目类型和播放平台的不同，Animate CC 2023为用户提供了多种导出格式。例如，Avi，Mov，MP3，MP4，Gif，Html 5 Canvas等十多种，从而提高了动画加载速度和跨平台的兼容性，如图1-17所示。

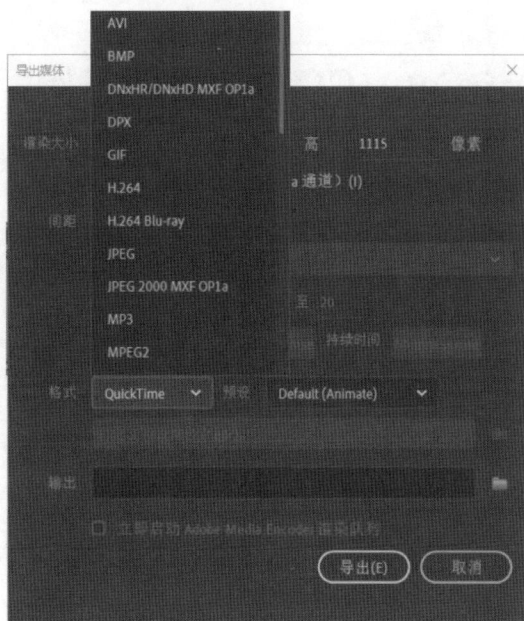

图1-17 视频导出格式

（三）用户测试与反馈调整

此阶段主要是指在动画发布前进行内部测试，收集团队成员的反馈，查找潜在的问题和改进空间。根据观众的反馈进行必要的调整和改进，以提升动画的整体质量和效果。

小结

本节主要介绍了Animate CC 2023的动画制作流程，分为前期创作、中期制作和后期合成三个阶段，如图1-18所示。其中，中期制作是动画制作中的核心环节。

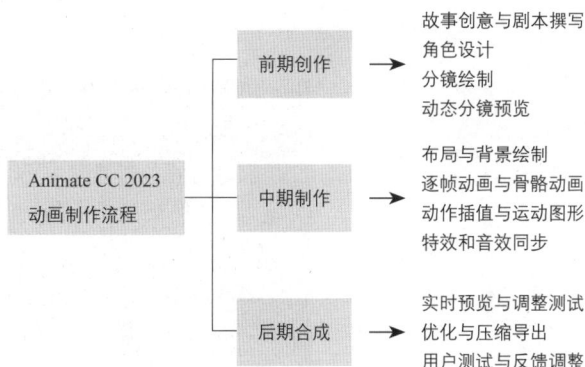

图1-18 Animate CC 2023动画制作流程图

第三节　Animate CC 2023 的工作界面

使用 Animate CC 2023 软件进行创作前，首先要熟悉软件的工作界面，这样才能帮助读者顺利地完成项目的制作。

一、启动软件

本书以 Windows 10 系统为例，在操作系统中，双击 Animate CC 2023 的图标，或者在搜索栏搜索 "Animate CC 2023"，以启动软件，如图 1-19 所示。

启动 Animate CC 2023 后，软件会弹出加载界面，如图 1-20 所示。加载页面过后，出现 Animate CC 2023 的初始工作界面，如图 1-21 所示。在没有新建文件前，界面相对简洁，只有菜单栏。

二、创建文档

选择【文件】—【新建文档（Ctrl+N）】，进入新建文档界面，如图 1-22 所示，是 Animate CC 2023 新建文档界面，界面中的一行是预设的各种类

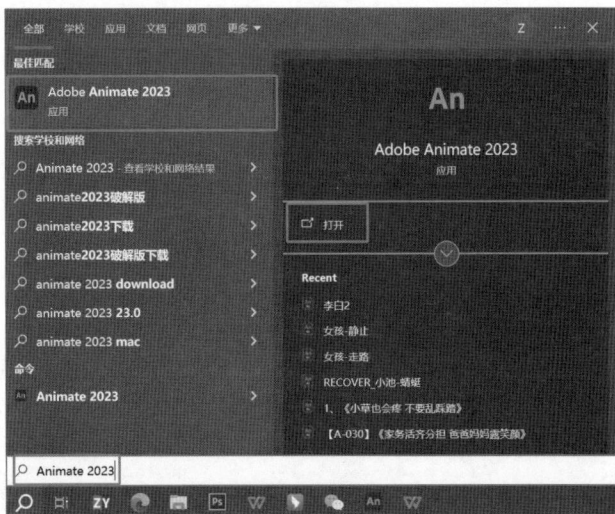

图 1-19　通过搜索栏启动软件

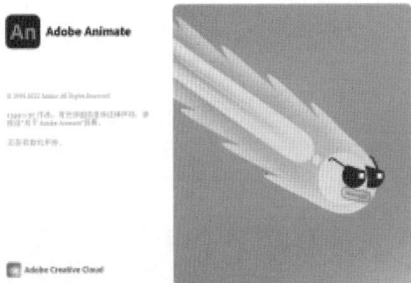

图 1-20　Animate CC 2023 加载页面

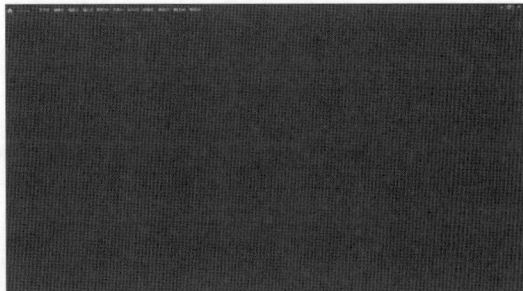

图 1-21　Animate CC 2023 初始工作界面

型，包括角色动画、社交、游戏、教育、广告、Web和高级。

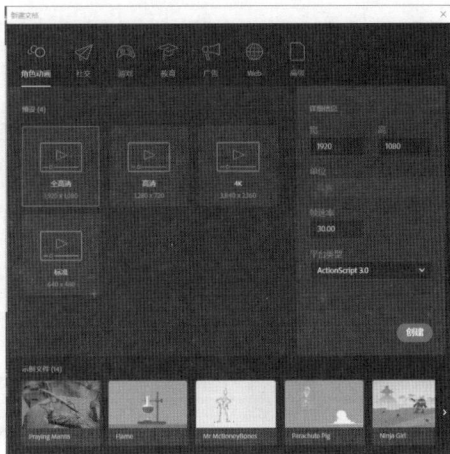

图 1-22　Animate CC 2023 新建文档界面

（一）角色动画预设

1.角色动画文档介绍

默认的"角色动画"预设，共有四种尺寸的预设，分别是高清（1280×720）、全高清（1920×1080）、4K（3840×2160）、标准（640×480）。右侧是画布大小，可以根据需要，进行相应的调整。帧速率默认为30，平台类型包括ActionScript 3.0 和HTML5 Canvas，最后是示例文件。制作2D动画一般采用角色动画的模式，并根据项目的要求和预算选择高清、全高清、4K以及标准尺寸。

知识拓展：帧速率是指每秒钟显示的图像帧数，通常用"帧每秒"（Frames Per Second，FPS）来表示。它描述了动画、视频或其他动态图像的流畅度和播放速度。帧速率越高，画面就越流畅，动作就越平滑；帧速率越低，画面可能会显得卡顿或不连贯。常见的帧速率有：

24 FPS：电影和大部分传统动画的标准帧速率，使画面看起来具有电影质感。

30 FPS：常用于电视节目和一些网络视频，适合较为流畅的画面展示。

60 FPS：常用于视频游戏、体育直播和一些高帧率视频，提供非常流畅的视觉体验。

帧速率的选择取决于内容类型和观看体验的需求。对于动画来说，较高的帧速率可以使画面中人物的动作更加细腻和连贯。

2.角色动画文档创建

选择"高清"— 默认宽度为1280像素，高为720像素—帧速率修改为24—平台类型为ActionScript 3.0—完成角色动画文档创建，如图1-23所示。当帧速率设置为24FPS时，时间轴上方会显示24.00^{FPS}的提示，而且时间轴会以24帧每秒进行计算。相反，如果设置帧速率为30FPS，时间轴上方会显示30.00^{FPS}的提示，并且时间轴会以30帧每秒进行计算，如图1-24所示。

图1-23   24.00^{FPS}角色动画创建

图1-24   30.00^{FPS}角色动画创建

（二）社交预设

"社交"预设是用于创建适合各种社交媒体平台的视频和动画的预设配置，优化和简化动画项目在不同社交媒体平台上的使用。这些预设帮助用户快速配置画布和导出设置，以便创建在不同社交媒体平台上发布的动画内容。

1.社交预设文档介绍

"社交"预设，共有12种尺寸的预设，如图1-25所示，分别是方形（600×600）、小（256×144）、大（3840×2160）、横向（600×315）、垂直（600×750）、输入流照片（440×220）、个人资料照片（400×400）、标题照片（1500×500）、标准（640×480）、高清（1280×720）、全高清（1920×1080）、4K（3840×2160）。右侧显示的同样是画布大小，设计师可以根据需要进行相应的调整。帧速率默认为30，平台类型包括Action Script 3.0和HTML5 Canvas。

2.社交文档创建

社交文档创作界面与角色动画创作界面相同，同时社交文档可以通过分享功能直接将动画上传至社交平台，如图1-26所示。

（三）游戏预设

"游戏"预设是为创建互动游戏和动画内容而设计的特定配置选项。这些预设帮助开

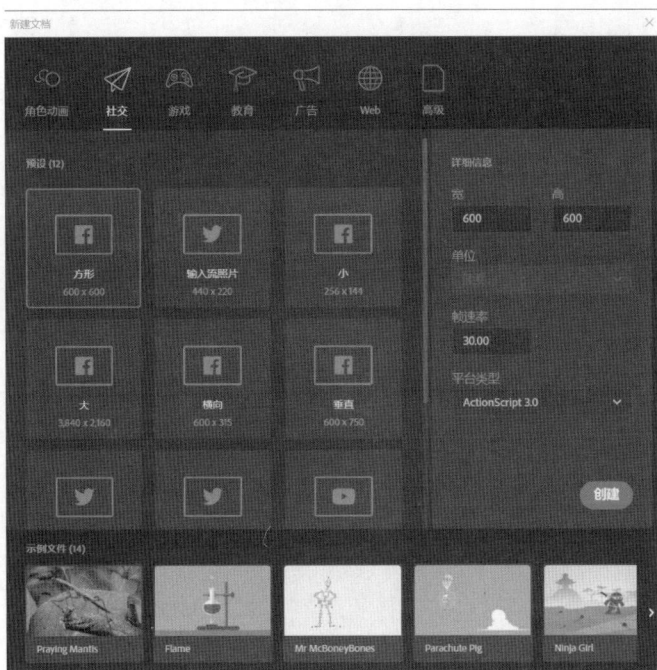

图1-25　社交预设界面

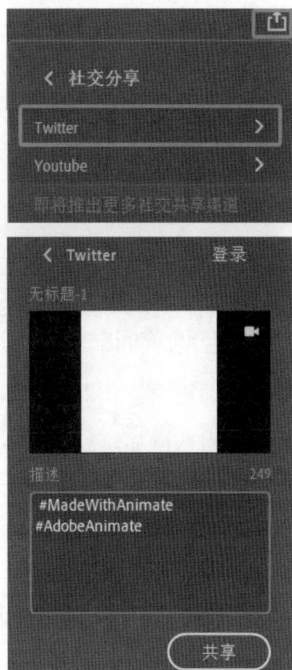

图1-26　社交分享

发者和设计师快速创建适合不同平台和设备的游戏项目，并为后续的互动开发提供了基础。游戏预设通常包括预定义的画布大小、帧速率和导出设置，以便优化动画的性能和效果，如图1-27所示。

根据要开发的游戏类型和目标平台，选择不同的预设。其中，HTML5 Canvas适用于创建基于浏览器的游戏，适合桌面和移动设备。WebGL适合更高性能的图形渲染和更复杂的动画效果。ActionScript 3.0适用于传统Flash技术的桌面游戏。

（四）教育预设

"教育"预设是专为制作教育内容和互动学习材料而设计的配置选项。这些预设帮助用

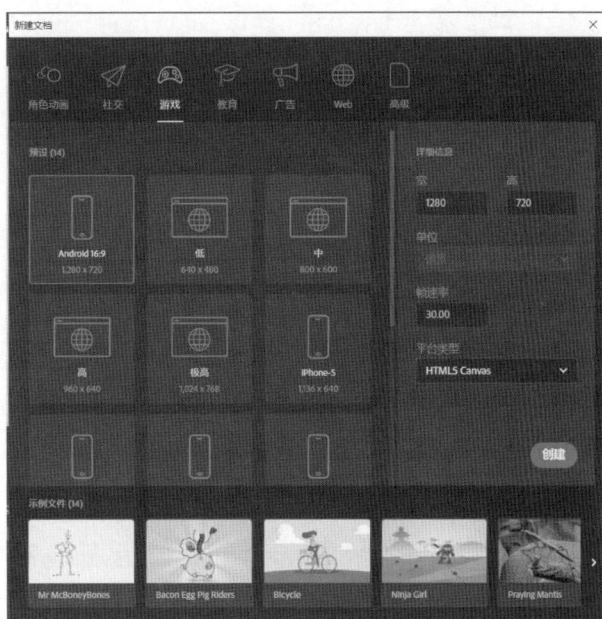

图1-27　游戏预设

户更快地创建适合教育用途的动画、互动演示和多媒体内容，特别是针对电子学习和教学应用场景。通过教育预设，为教育工作者提供多样化呈现，兼容性优化，进一步提高教学效率。

（五）广告预设

"广告"预设是专为创建适合各种广告平台和格式的动画广告而设计的预设配置。这些预设帮助广告设计师和动画制作者快速设置项目，以满足在线广告、视频广告和互动广告的标准要求。广告预设包括常见广告平台（如谷歌广告、百度广告、社交媒体广告等）所需的画布尺寸、文件大小限制和导出设置。

（六）Web 预设

"Web"预设是专为创建网页动画和互动内容而设计的配置选项。这些预设帮助设计师和开发者快速设置项目，以优化动画在网页上的展示效果和性能。Web 预设主要用于 HTML5 Canvas、WebGL 等技术，为网页设计和开发提供了标准化的设置，使动画能在各种浏览器和设备上流畅运行。通过使用 Web 预设，创建的动画内容可以在所有主流浏览器（如 Chrome、Firefox、Safari、Edge）和设备（桌面电脑、平板电脑、手机）上正常运行，保证用户在不同平台上的一致体验。

Web 预设特别适合创建网页上的互动元素，如按钮、横幅广告、游戏和互动演示，这些内容可以通过 JavaScript 或 CreateJS 库进行编程控制。

（七）高级预设

"高级"预设为动画创作者打开了新的视野。这个预设中包含5个平台、4个 Beta 版平台和4个脚本。5个平台包括 HTML5 Canvas，其可创建基于 HTML5 Canvas 的资源、添加交互性并发布 Web 内容；ActionScript 3.0，其可创建 Flash 资源、使用 ActionScript 添加交互性并发布 SWF 内容；AIRSDK 是一个跨操作系统的运行时库。但是由于自2020年起不再随 Animate 提供 AIR SDK，因此，AIR for Desktop，AIR for IOS，AIR for Android 的发布需要从 Harman 站点下载 AIR SDK，然后在 Animate 中，选择帮助—管理 Adobe AIR SDK 菜单中添加新 SDK。

4个 Beta 版平台主要包括：HTML5 Canvas 测试平台、Web GL 测试平台、Adobe AIR 测试平台、移动设备测试平台。

三、工作界面

Animate CC 2023的工作界面主要有菜单栏、工具栏、标题栏、时间轴和属性栏，如图1-28为Animate CC 2023工作界面。

图1-28　Animate CC 2023工作界面

【菜单栏】是创作项目的基础，包含了项目创作中所需的所有功能，有些软件为了保证用户的个性化设置，只保留了菜单栏。各项菜单选项提供了创建、编辑和管理动画的基本功能。

文件（File）：包括新建、打开、保存、导入、导出等文件管理功能，可以用它创建新的动画项目、导入图片或音频等外部资源，并将项目导出为不同格式的动画。

编辑（Edit）：提供剪切、复制、粘贴、撤销、重做等编辑功能，还包含设置首选项和修改符号等操作。

视图（View）：控制舞台的显示选项，如缩放、网格和对齐工具、标尺、辅助线等，帮助更好地调整和对齐对象。

插入（Insert）：用于插入新元素，如时间轴上的关键帧、普通帧、空白关键帧等，还可以插入元件、图层等内容。

修改（Modify）：提供对图形、文本、元件等的调整和属性修改，还可以进行自由变形、图层属性设置等。

文本（Text）：用于设置文本属性，如字体、字号、行距、颜色等，便于在动画中添加和编辑文本内容。

命令（Commands）：用于运行在Animate中内置或用户自定义的命令脚本，以简化复杂的操作。

控制（Control）：提供控制动画的播放、暂停、停止、测试等功能，让用户在时间轴中预览动画效果。

窗口（Window）：用来管理Animate的各种工作面板和窗口，如属性、库、对齐、颜色等。通过"窗口"菜单，可以打开和关闭所需的面板。

帮助（Help）：提供关于Animate的帮助文档、教程和支持信息，让用户能更快上手操作和解决问题。

【工具栏】是动画项目创作中使用频次最多的栏目，它提供了一系列包括绘图、选择、变形、颜色和视图控制等工具，用于创建和编辑动画。

选择工具（Selection Tool）：用于选择舞台上的对象，可以单击对象进行选择和移动，也可以调整对象的大小和形状。

部分选择工具（Subselection Tool）：用于选择路径上的单个点和边，可用于精细调整形状。

自由变换工具（Free Transform Tool）：允许旋转、缩放、倾斜和扭曲选中的对象，使其自由变形。

渐变变换工具（Gradient Transform Tool）：调整渐变填充的方向、大小和位置，创建渐变效果。

线条工具（Line Tool）：用于绘制直线，可以调整线条的粗细和样式。

矩形和椭圆工具（Rectangle and Oval Tool）：用于绘制矩形和椭圆形，可以选择是否带有边框或填充颜色。

铅笔工具（Pencil Tool）：用于手绘线条，可以选择平滑或墨水风格的线条。

画笔工具（Brush Tool）：用于手绘填充颜色区域，可调整画笔的大小和形状。

橡皮擦工具（Eraser Tool）：用于擦除舞台上的不需要的部分，可选择擦除形状的全部或部分。

钢笔工具（Pen Tool）：用于创建精确的路径和曲线，可以通过调整锚点和手柄来控制形状的曲率。

文本工具（Text Tool）：用于在舞台上输入文本，可调整字体、大小、颜色等文本属性。

颜料桶工具（Paint Bucket Tool）：用于填充封闭区域的颜色或渐变，也可以改变已绘制区域的颜色。

吸管工具（Eyedropper Tool）：用于从舞台上的对象吸取颜色，便于快速设置其他对象的颜色。

放大镜工具（Zoom Tool）：用于放大或缩小舞台的视图，便于查看和编辑细节。

手形工具（Hand Tool）：用于在放大视图中移动舞台视图，便于查看不同的部分。

【舞台】是动画制作的主要工作区，也是用户设计和展示动画内容的"画布"。舞台在动画创作过程中起到了重要的作用。

显示区域：舞台区域是最终可见的内容区域，只有舞台范围内的元素会显示在最终输出的动画中（如HTML5、视频等）。舞台外的内容不会在播放时显示，但可以用作辅助或过渡效果。

设计和排版：舞台提供了可视化的空间，用户可以在其上布置各种图形、文本、图片和元件，调整位置、大小和层次，以实现所需的视觉效果。

动画预览：舞台上会实时显示时间轴上的内容变化，用户可以直接在舞台中预览动画效果，包括移动、旋转、缩放等操作，帮助随时调整效果。

交互设置：对于交互式动画，用户可以在舞台上放置按钮或设置热点区域，并为这些元素添加交互代码，以实现点击、拖拽等效果。

辅助工具整合：舞台上可以显示网格、辅助线和对齐工具等，帮助精确布置和对齐元素，使动画内容更加规范和协调。

多层次创作：舞台与时间轴结合使用，可以在不同图层上制作多种动画元素，如背景、角色、道具等，实现复杂的多层次动画效果。

【属性栏】用于查看和编辑所选对象的详细属性。它会根据当前选中的内容（如舞台、图形、文本或关键帧）动态显示不同的设置选项。

快速调整对象属性：属性栏可以显示当前选中对象的详细属性，如大小、位置、旋转角度、颜色、透明度等，方便用户快速修改，不必在其他面板中查找。

设置舞台属性：当未选中任何对象时，属性栏显示的是舞台的全局属性，包括舞台尺寸、背景颜色、帧频（FPS）等。用户可以在这里调整舞台的显示设置。

控制动画属性：当选中时间轴上的关键帧时，属性栏显示与该帧相关的动画属性，允许用户控制补间类型（如经典补间、形状补间）、缓动效果等，帮助制作流畅的动画。

文本格式设置：选中文本对象时，属性栏显示文本的格式选项，包括字体、字号、颜色、对齐方式等，用户可以便捷地调整文本样式。

图形和元件设置：对于选中的图形或元件（如符号、按钮），属性栏提供其名称、类型、透明度、滤镜效果等选项，还可以设置符号的动态属性，如交互状态和动画循环方式。

调整颜色和填充：属性栏允许用户选择填充颜色、描边颜色和渐变设置，也可以对对象添加滤镜（如阴影、发光效果）和混合模式，以丰富视觉效果。

控制3D属性：如果需要进行3D旋转或平移，属性栏中提供相应的工具，方便用户在二维平面上创建三维效果。

便捷导航：属性栏集成了多个工具和选项，用户可以直接在面板中调整不同属性，而无须频繁切换到其他面板，提升工作效率。

【时间轴】是动画制作的核心部分之一，用于管理动画的时间和顺序。它显示动画各个元素在不同时间点上的变化和动画的进展。时间轴由多个帧组成，帧表示动画在时间上的推进。用户可以在时间轴上添加关键帧、普通帧和空白关键帧，以控制动画的节奏和顺序。

组织图层：时间轴支持多图层，每个图层可以放置不同的内容（如背景、角色、文字等）。通过图层的叠加顺序，用户可以控制动画元素的前后关系，实现复杂的多层次效果。

关键帧设置和动画制作：在时间轴上插入关键帧来定义动画的起点和终点，Animate CC 2023会自动生成中间帧，形成平滑的过渡效果。这种补间动画（如运动补间和形状补间）使动画制作更加简单高效。

时间控制：时间轴可以调节动画的帧频（FPS），从而控制动画播放的快慢，用户可以根据需求调整帧率，以实现理想的动画效果。

标签和分段控制：时间轴允许用户设置帧标签或分段标签，便于标记特定动画片段和脚本触发点，尤其在交互动画中更为实用。

声音和音频同步：时间轴支持将音频文件拖放至特定帧上，可以在动画中加入背景音乐或声音效果，并通过帧精确控制音频的开始和结束，帮助实现音画同步。

预览和测试：时间轴提供动画预览功能，可以直接在时间轴中播放或逐帧查看动画效果，便于用户及时调整和优化内容。

管理元件实例：当在时间轴上使用符号（如按钮、影片剪辑等）时，可以在不同的帧设置不同的属性，从而实现元件实例的动态变化。

第二章

Animate CC 2023动画角色绘制技法

动画角色是Animate CC 2023 动画创作的重要元素，特别是人物角色在故事动画创作中是不可或缺的。本章将以MG二维动画角色、商业项目二维动画角色和手绘动画角色三种类型为案例，详细讲解 Animate CC 2023 中动画角色的创作方法。

能力目标

1. 掌握MG二维动画角色的绘制技法
2. 掌握商业二维动画角色的绘制技法
3. 掌握手绘二维动画角色的绘制技法

知识目标

1. 掌握矩形工具、圆形工具、直线工具、油漆桶、墨水瓶等工具的基础知识和使用方法
2. 熟练应用打组与打散工具帮助绘制角色
3. 掌握滤镜中阴影和优化曲线的操作方法
4. 掌握影片剪辑元件中的模糊工具和发光工具的使用方法

情感目标

1. 激发学生对二维角色动画的创作热情
2. 促进学生了解中国科学家的优秀成果，增强学习动力，提升爱国情怀

第一节　MG 二维角色绘制技法

本节主要知识目标：

1. 掌握矩形工具、圆形工具、直线工具、油漆桶、墨水瓶工具等的使用方法。（重点）

2. 熟练应用打组（Ctrl +G）与打散（Ctrl +B）工具帮助绘制角色。（难点）

3. 掌握滤镜中阴影的使用方法。（提升）

视频教学资料：微课教程/第二章第一节 MG 二维角色绘制技法.MP4

源文件教学资料：第二章第一节 MG 二维角色绘制技法.FLA

本例介绍如何绘制MG 二维角色，通过使用【基本矩形工具】【椭圆】【直线工具】绘制，然后在【属性】面板中进行设置，从而完成绘制，效果如图2-1所示。

图2-1　MG 二维角色设计

一、角色头部设计

（一）新建文档

双击打开 Animate CC 2023，在菜单栏中选择【文件】，在右侧详细信息中将【宽】【高】分别设置为720像素和720像素，平台类型选择ActionScript 3.0 选项，选择【创建】，如图2-2所示。

（二）修改属性

创建完成后，选择工具栏中的【选择】工具—单击舞台空白处—右侧属性栏中选择【属性】—【文件】，打开属性可以重新修改画布尺寸，修改舞台背景颜色。本案例舞台背景颜色为RGB：204，204，204。

【提示】：修改吸附工具

如果有些同学觉得创作时总有被吸铁石吸附的感觉，可以通过关闭属性栏中的吸铁石选项，如图2-3所示的吸铁石图标。

【知识链接】:【属性】面板

【属性】面板中的内容不是一成不变的,它会根据所选对象的不同显示不同的设置项,【属性】面板将在后边的案例中多次出现。

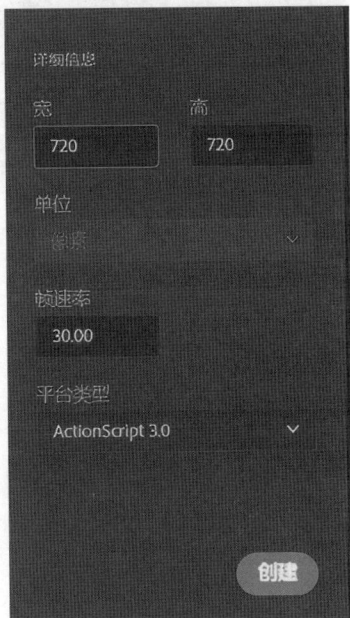

图2-2 新建文档

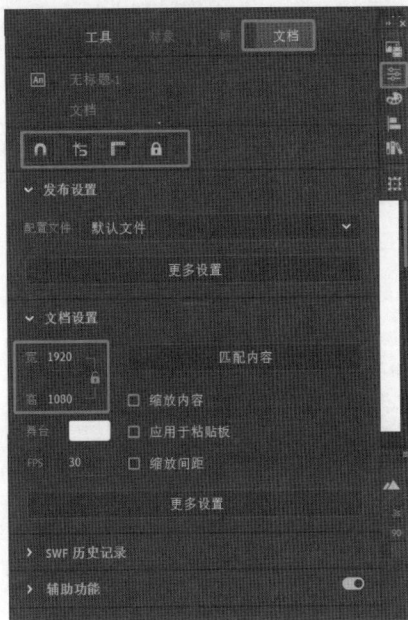

图2-3 属性栏

(三)制作角色脸部

左侧工具栏中选择【矩形工具】—【基本矩形工具】,如图2-4所示,快捷键为Shift+R,皮肤颜色为#FFB7A5,矩形框的宽为126,高为155。在舞台中央创建一个基本矩形,可以发现矩形框的每个角都有一个小圆点,如图2-5所示。在【选择】工具状态下单击其中任意一个蓝色小圆点,即可将直角改变为圆角。

另一种将矩形直角变为圆角的方法是在图形被选中的情况下,选择右侧【属性】—【对象】—【矩形选项】—选择第一个选项,在后边的数据修改栏中输入本案例设置的圆角数值55,如图2-6所示。属性框中的【笔触】可以修改和取消边框,【填充】可以改变颜色。

图2-4 基本矩形工具

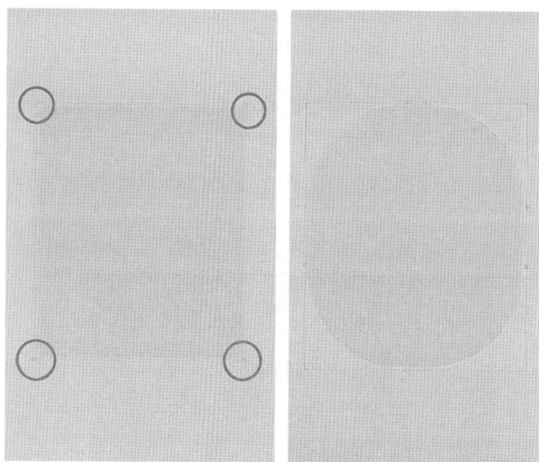

图2-5　基本矩形框

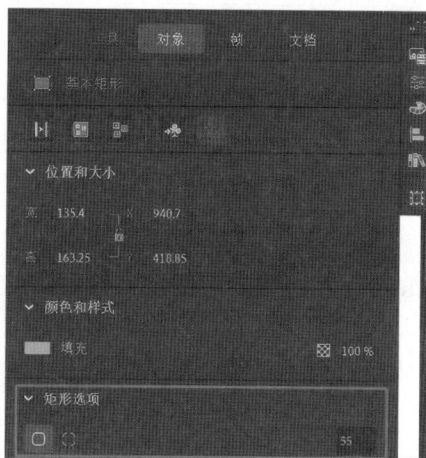

图2-6　基本矩形框属性栏

【知识链接】：

（1）如果找不到矩形工具下的基本矩形工具，可以选择工具栏下的 ▢▢▢ 图标，所有未显示的图标均可以在这里找到。找到之后将其拖至矩形工具中即可，如图2-7所示。

（2）如果只想改变其中一个角的数值，而不改变其他角的数值，则可以选择【矩形选项】中的 ⊞ 按钮，右边会出现4个修改数据框，即可进行任意角数值的修改，如图2-8所示。

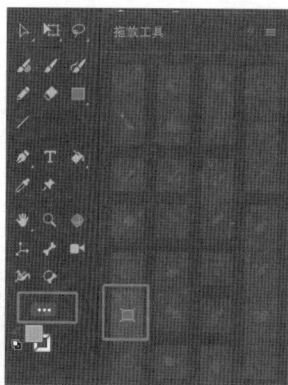

图2-7　工具栏中添加基本矩形工具

图2-8　矩形选项

（四）制作角色嘴巴

为了更方便地看到嘴巴与脸的相对位置，可以通过【打组】（CTRL+G）将嘴巴与脸设置为一组。在没有任何选择的情况下，按【CTRL+G】之后—选择【圆形】工具—绘制圆，修改颜色为#771A00，宽73，高66.5，按照图例摆放位置，如图2-9所示。

用【选择】工具框选一半嘴巴删掉，完成口腔，用【选择】工具框选剩余的一部分，如图2-9所示，改变填充颜色为白色，完成牙齿。

选择【直线】工具在口腔的下半部分绘制一条直线，直线色彩选用除口腔颜色以外的任意颜色，如图2-9所示。使用【选择】工具选择在口腔内部的直线部分往上移动形成上弧线，使用【选择】工具选择口腔下半部分，修改颜色为#FF6666—双击直线—按【Delete】删除直线，完成嘴巴的绘制。

（五）制作头发

选择【选择工具】，在空白处双击，退出嘴巴组。在无任何选择的情况下，按【CTRL+G】创建头发，选择【直线】（N）工具，在头发的位置，制作头发：笔触颜色选择为黑色，绘制如图2-10所示的形状，再选择【油漆桶工具】（K），填充色为黑色，填充颜色后，如图2-10所示。

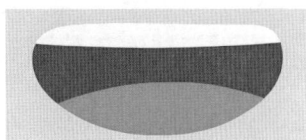

图2-9　制作角色嘴巴

（六）制作角色眼睛

选择【选择工具】，在空白处双击，退出嘴巴组。在无任何选择的情况下，【CTRL+G】创建眼睛，选择【椭圆】工具，在眼睛的位置，创建眼白修改颜色为白色，宽27.7，高30.8，取消边框颜色，只保留填充色。

在没有任何选择的情况下，按【CTRL+G】创建瞳孔，选择【椭圆】工具，在眼白合适的位置创建瞳孔。在【属性】面板中设置颜色为黑色，宽23，高25.6，取消边框颜色，只保留填充色。

图2-10　制作头发

在没有任何选择的情况下，按【CTRL+G】创建高光，选择【椭圆】工具，在瞳孔合适的位置创建高光。在【属性】面板中设置颜色为白色，宽4.6，高5.35，取消边框颜色，只保留填充色。

双击空白处直至退出到场景。选择已经做好的眼睛，选择【选择】工具—【Alt+右侧拖动】复制眼睛到合适的位置，如图2-11所示。

图2-11　制作角色眼睛

【知识链接】：快捷复制粘贴物体

复制粘贴的方式有很多种，以下是其中4种。

（1）选择需要被复制的物体，在【菜单栏】中的【编辑】选项中选择【复制】（Ctrl+C），粘贴同样可以在【编辑】选项中选择【粘贴】（Ctrl+V）。

（2）如果需要原位粘贴，可以在【菜单栏】中的【编辑】选项中选择【复制】，再选择【编辑】选项中选择【原位粘贴】（Ctrl+Shift+V）。

（3）选择需要被复制的物体，按【Alt】和鼠标移动，即可将复制的物体拖动出来。

（4）直接复制（Ctrl+D），免去了【Ctrl+C】的步骤，直接对所选内容进行复制。

（七）制作角色眉毛

在没有任何选择的情况下，按【CTRL+G】创建眉毛，选择【直线】工具，颜色为黑色，在眉毛的位置绘制一条直线。选择右侧【属性】，笔触设置为6，宽选择最后一个类别，形状选项卡选择【平滑】。

同上，【Alt+右侧拖动】复制右侧眉毛，如图2-12所示。

（八）制作角色耳朵

在没有任何选择的情况下，按【CTRL+G】创建耳朵，选择【椭圆】工具，在【属性】面板中设置颜色为皮肤色＃FFB7A5，在耳朵的位置绘制椭圆，在【属性】面板中设置宽30，高38。双击空白处，退出组，如图2-13所示。

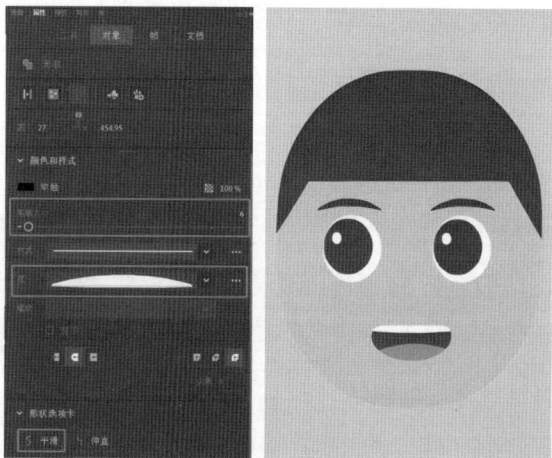

图2-12　制作角色眉毛　　　　图2-13　制作角色耳朵

【知识链接】：组的层级

组与组之间是各自独立的，耳朵组应该在脸的下层，可以通过【Ctrl+↓】或【Ctrl+↑】修改组的层级关系。

（九）制作鼻子和脸颊

在没有任何选择的情况下，按【CTRL+G】创建鼻子，选择【椭圆】工具，在【属性】面板中设置颜色为皮肤色#D5A191，在鼻子的位置绘制椭圆，宽11，高4，选择【选择】工具将椭圆下边缘向上推，如图2-14所示。双击空白处，退出组。

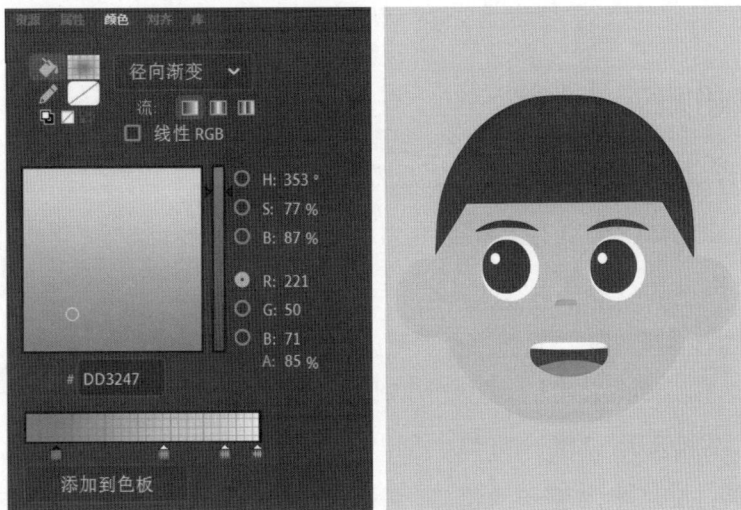

图2-14　制作鼻子

在没有任何选择的情况下，按【CTRL+G】创建脸颊，选择【椭圆】工具，在【属性】面板中设置颜色选择径向渐变，颜色为#DD3247，在色彩条上相应位置设置点，透明度分别设置为85%、45%、30%、0%。在脸颊的位置绘制椭圆，在【属性】面板中设置宽16.4，高9.4。双击空白处，退出组—选择脸颊—右键—选择【转换为元件】（F8），如图2-15所示。名称设置为"脸颊"，类型为【影片剪辑】，在【属性】面板中设置色彩效果—【Alpha】值为54%—滤镜—【+】选择模糊—设置值为4，如图2-16所示。

图2-15　创建影片剪辑

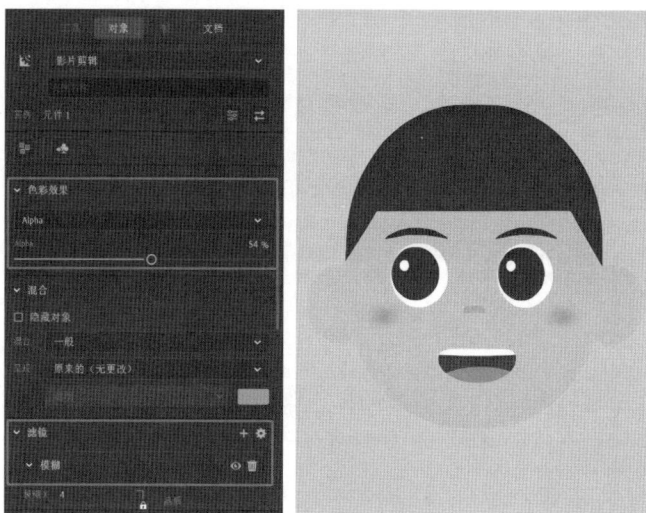

图2-16　设置模糊效果

（十）制作帽子

绘制好脸颊后，退出到场景，在无选择的情况下，按【CTRL+G】绘制帽子，用【直线工具】（N），在【属性】面板中设置笔触颜色为白色，绘制如图2-17所示的形状。在工具栏中选择【油漆工具】（K），在【属性】面板中设置填充颜色为 # 66BFCB。

用【圆形】工具绘制帽子的顶部，用【基本矩形】工具绘制帽翅，在【属性】面板中设置【笔触】为白色，【填充】颜色为# 66BFCB。

图2-17　制作帽子

【Ctrl+C】【Ctrl+V】粘贴复制帽翅—选择帽翅—右键—【变形】—【水平翻转】—移动复制后的帽翅到合适的位置，如图2-17所示。

【知识链接】：变形工具

变形工具是Animate CC 2023中重要的工具之一。可以在【菜单栏】的【修改】栏中找到【变形】，主要包括任意变形、缩放、旋转、倾斜、3D旋转、3D中心点设置、水平翻转、垂直翻转等功能，如图2-18所示。

在【变形】面板中，调整【缩放宽度】和【缩放高度】参数为相同的时候，单击参数后面的【约束】按钮 ⚭，输入【缩放宽度】和【缩放高度】的任何一个参数，另外一个参数将自动修改。

为了方便操作，用户可以在【菜单栏】的【窗口】中找到【变形】将变形添加到窗口右侧栏中，方便随时打开使用，如图2-19所示。

【知识链接】：如何重新添加轮廓线

在工具栏中，选择 🖊️【墨水瓶工具】，即可重新为物体添加轮廓线，如图2-20所示。

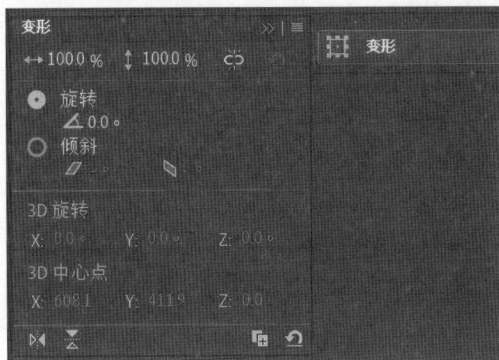

图2-18 变形工具属性

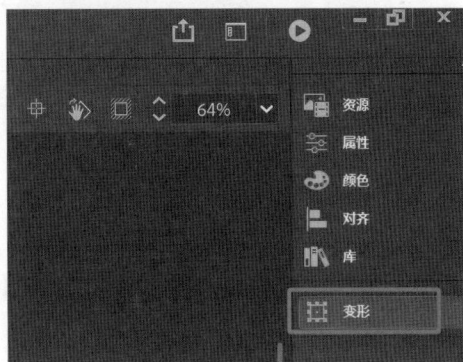

图2-19 窗口添加变形工具

（十一）制作帽子宝石装饰

在没有任何选择的情况下，按【CTRL+G】创建帽子装饰宝石，选择【椭圆】工具，颜色为#00491D，宽18.4，高11.4。按【CTRL+G】创建宝石高光，选择【椭圆】工具，颜色为白色，宽3.4，高1.7。双击退出组到场景，如图2-21所示。

（十二）制作阴影和高光

从帽子开始制作阴影，选择帽顶，按【CTRL+G】，选择【直线】工具，颜色为红色，在如图2-22所示的位置绘制一条弧线，再用选择工具移动弧线到如图2-22所示的位置，选择直线左侧的面积，色彩填充为

图2-20 墨水瓶工具

图2-21 制作帽子宝石装饰

#669BA2。删除红线，按【Ctrl+↓】将冒顶移动到最下层，如图2-22所示。

同理，完成头部其他部分的阴影制作，如图2-23所示。

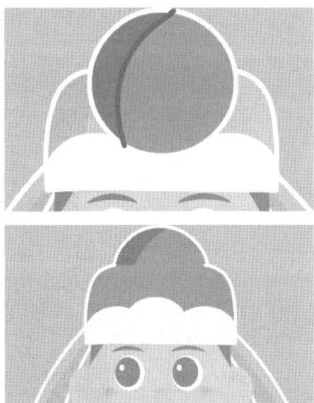

图2-22　制作帽子阴影（一）　　　　图2-23　制作帽子阴影（二）

从帽子开始制作高光，选择帽顶，按【CTRL+G】，选择【直线】工具，颜色为红色，在如图2-24所示的位置绘制一条弧线，再用选择工具移动弧线到如图2-24所示的位置，选择直线右侧的面积，色彩填充为#66E2DE。删除红线，按【Ctrl+↓】将冒顶移动到最下层。

图2-24　制作帽子高光

二、角色身体设计

（一）制作脖子和衣服

在场景中，按【CTRL+G】，在工具栏选择【矩形】工具，如图2-25所示位置，颜色为皮肤颜色#FFB7A5，制作脖子，按【Ctrl+↓】将脖子移动到最下层。

在场景中，选择【基本矩形】工具，颜色为 # 66BFCB，宽为91，高为307.5。在属性中选择矩形选项，将上层的角度改为30，制作肩膀，如图2-26所示。

图2-25　制作脖子

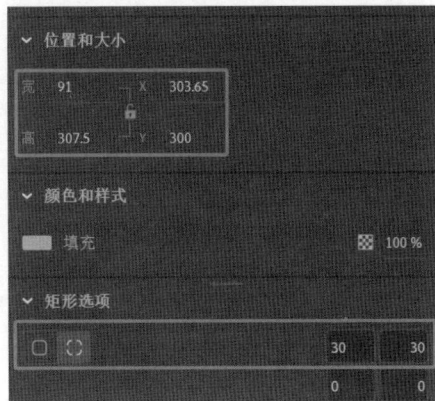

图2-26　制作肩膀

双击选择身体—进入编辑模式—【选择工具】，将鼠标放在衣服下边的角，箭头会增加 "∟" 图标，此时拉动衣角，扩大衣服的下摆宽度，如图2-27所示。

完成之后，将衣服两边的线条往内收变为弧线，形成腰线，如图2-28所示。

图2-27　完善衣服

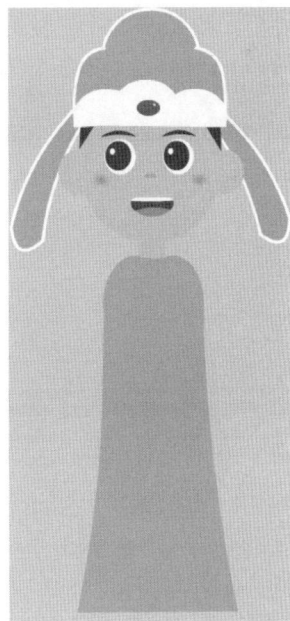

图2-28　制作腰线

（二）制作腰带

在场景中，选择【基本矩形】工具，颜色为白色，宽为99，高为21.4。在属性中选择【矩形选项】角度为4.55，制作腰带，如图2-29所示。

选择【基本矩形】工具，颜色为#006666，边框颜色为#00FFFF，宽为17.6，高为13.35，在如图2-29所示位置制作腰带宝石，再用制作阴影的方式添加阴影和高光，如图2-29所示。

选择右键【转换为元件】—【影片剪辑】—【属性】—【滤镜】的【+】—添加【投影】，强度为28%，距离为2，角度为45°，品质为高，如图2-30所示。

图2-29 制作腰带和宝石

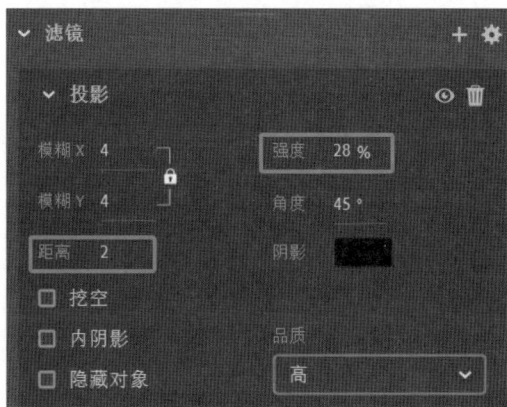

图2-30 投影属性设置

（三）制作衣领

在无选择的情况下，按【CTRL+G】，建立新组后，使用圆形工具，颜色选用白色，在领子的部位绘制一个圆形，如图2-31所示。

再次进行【打组】，绘制另外一个圆形，此时颜色应与第一个圆形的颜色不同，【Ctrl+B】打散后，删除第二个圆形。最后用【套索】工具，删除领子外多余的部分，用【选择】工具调整领子的形状，与肩膀一致，如图2-31所示。

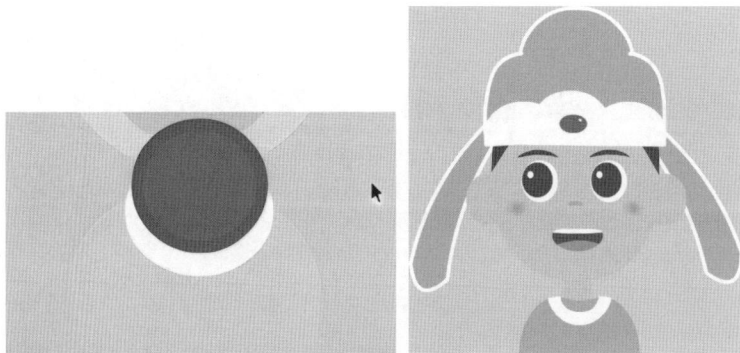

图2-31 制作衣领

（四）制作衣服阴影

与制作头部阴影相同，双击选择衣服到编辑模式，选择【直线】，在如图2-32所示的位置绘制直线，并将红线左侧的衣服填充色修改为#669BA2，最后删除红线。同理，在领子与腰带地方添加阴影，如图2-33所示。

图2-32　添加衣服阴影　　　图2-33　衣服阴影效果

三、角色四肢设计

（一）制作手臂

用【基本矩形】（shift+R）工具拉出一个圆角矩形，颜色与衣服颜色相同。调整位置，如图2-34所示，与肩膀重合，按【Ctrl+↓】将上臂放在衣服下层。

同理，做出下臂，调整下臂位置，如图2-34所示，按【Ctrl+↑】将下臂放在上臂上层。

使用同样的方法制作出左手臂，并将颜色改为阴影颜色，放在如图2-35所示位置。

【知识链接】：任意变形工具的旋转中心

【任意变形工具】（Q）中的白色小圆点代表轴心位置，在调整动画过程中非常重要。例如在旋转如图2-36所示的手臂位置时，可以将小白点放在关节的位置，手臂即可围绕关节运动，如图2-36所示。

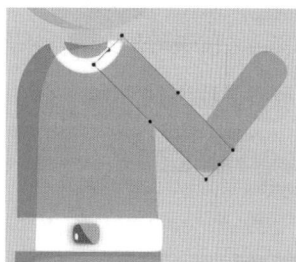

图2-34 制作右手臂

图2-35 制作右手臂

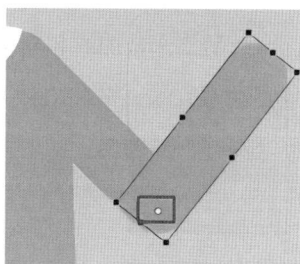

图2-36 旋转手臂

（二）制作手

在无选择的情况下，按【CTRL+G】，建立新组后，使用圆形工具，颜色选用皮肤颜色#FFB7A5，宽27，高26，放置在如图2-37所示位置，双击退出到场景。

选择【基本矩形】工具，制作手指，放置在如图2-37所示位置。选择所有的手指和手掌—【Ctrl+G】—按【Ctrl+↑】将手放在衣服上方。

（三）制作脚

在无选择的情况下，按【CTRL+G】，建立新组后，使用圆形工具，颜色选用黑色，宽31，高37，放置在如图2-38所示位置。选择【选择】工具，删除四分之一，完成鞋子的制作。双击退出到场景，按Alt+【选择】移动复制另一只鞋子。

（四）角色投影

在场景中，全选角色，按【Ctrl+G】—右键【转换为元件】—【影片剪辑】。

复制图层：双击图层—修改命名为【小李】—右键图层【复制图层】—复制的图层命名为阴影—【任意变形工具】（Q）—将中心小白点移动到两脚中心，对复制的角色进行变形。

图2-37 制作手

图2-38 制作脚

选择【属性】—【色彩效果】—色调—调为100%—【滤镜】—添加模糊，设置数值为6，品质为高，如图2-39所示。最终效果如图2-40所示。

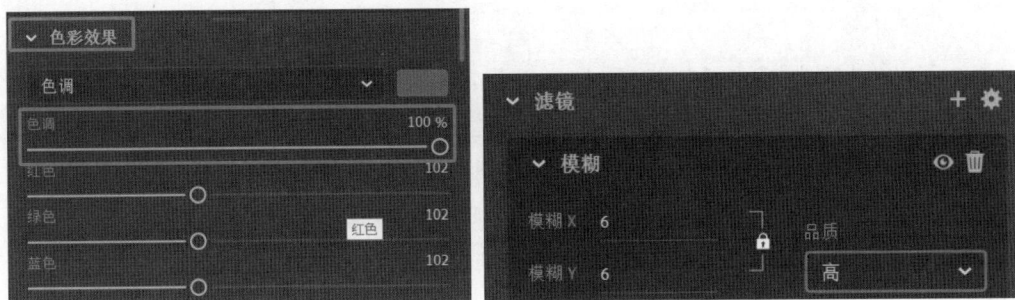

图2-39　修改属性

图2-40　完成角色

【提示】：图层性质

Animate CC 2023文件中的图层数量只受计算机内存的限制，不会影响导出视频文件的大小。

第二节 商业项目二维角色绘制技法

本节主要目标：

1.了解商业动画角色设计要求和标准。

2.掌握具备分析角色、拆解角色结构的能力。（重点）

3.熟练应用工具绘制角色，掌握优化曲线和绘制商业角色的方法。（难点）

视频教学资料：微课教程\第二章第二节可可商业角色绘制技法.MP4

源文件教学资料：第二章第二节可可商业角色绘制技法.FLA

可可小爱IP角色是由桂林坤鹤文化传播有限公司（以下简称坤鹤动画）成立于2011年10月创作。坤鹤动画代表作《可可小爱》是影响力极大的正能量公益品牌。剧集数量达500集，覆盖1000多个电视频道，登陆12个央视频道，共1000亿次总点播量，荣获专业奖项185个，入选2014年文化和旅游部社会主义核心价值观扶持计划作品，入选2016年文化和旅游部动漫品牌建设和保护计划。

一、可可角色设计案例分析

（一）头身比例

通过对可可角色的分析可以发现：

（1）两头身比例关系。

（2）帽子高度=腿长。

（3）眼睛中线=三分之一头长。

（4）手=二分之一身长。

仔细分析角色的比例，有助于模仿角色绘制更多优秀的角色，如图2-41所示。

图2-41 可可头身比例

（二）可可的身体组成部分

在绘制角色前需要了解角色造型的组成部分，通过对可可角色的分析，可以发现可可有10个部分，包括帽子的花边、帽子、脸、五官、脸颊、手、身体、脚、背带、小袜子。根据角色特征，从脸、帽子、身体、四肢各部分分别进行绘制，如图2-42所示。

图2-42　可可的身体组成部分

（三）可可的色彩搭配

可可的色彩搭配如图2-43所示。

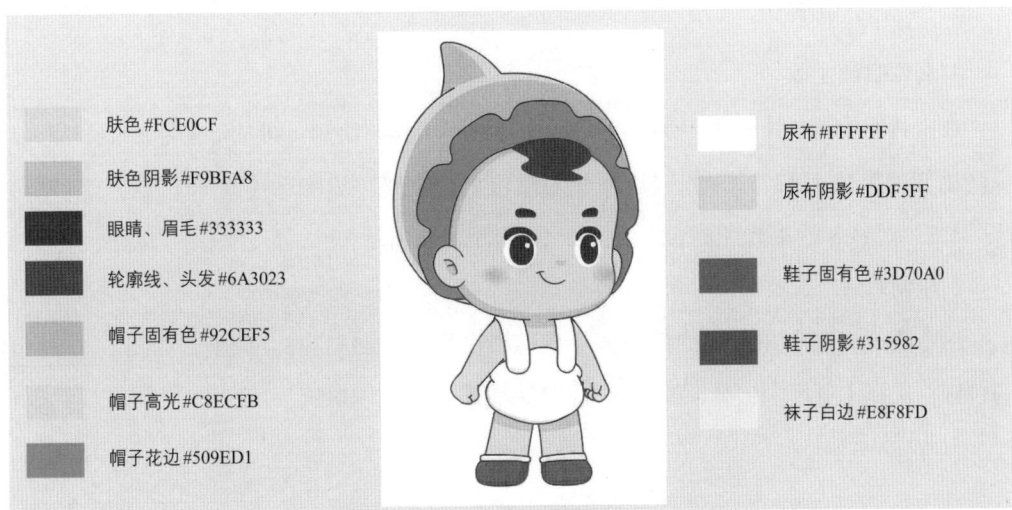

肤色 #FCE0CF

肤色阴影 #F9BFA8

眼睛、眉毛 #333333

轮廓线、头发 #6A3023

帽子固有色 #92CEF5

帽子高光 #C8ECFB

帽子花边 #509ED1

尿布 #FFFFFF

尿布阴影 #DDF5FF

鞋子固有色 #3D70A0

鞋子阴影 #315982

袜子白边 #E8F8FD

图2-43　可可的色彩搭配

二、可可角色头部绘制

（一）制作脸

在【时间轴】面板上新建图层，在工具箱中单击【基本矩形】工具，分别在场景中绘制可可的上半部分脸（宽219，高207；矩形选项数值91.6），轮廓线颜色为#6A3023，皮肤颜色为#FCE0CF，用【选择】工具调整脸型。

首先将头顶调整圆滑，在脸颊的地方将直线往内收，露出圆圆的脸蛋。用红线闭合缺口，填充颜色，如图2-44所示。

【知识链接】：线条平滑工具

脸的衔接处如果不够圆滑，可以选择平滑工具（S），如图2-45所示。

图2-44　可可的脸　　　图2-45　线条平滑工具

（二）制作眼睛

1.制作眼睛主体

在工具箱中选择【基本矩形】工具或【椭圆】工具，绘制可可的眼睛、眼白和高光。眼睛填充为黑色#333333，眼白和高光为白色#FFFFFF。黑眼珠（高30，宽37）、眼白（高41.5，宽44.5）、高光（高6.5，宽6.5），如图2-46所示。

2.绘制眼线

用【直线工具】（N）在眼睛上画一条弧线，颜色为#333333，调整到如图2-47所示的位置。选择【宽度】工具，调整眼线的宽度，如图2-48所示。

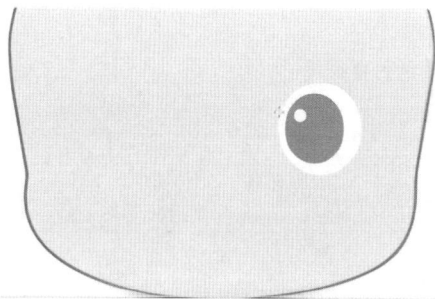

图2-46　制作眼睛主体　　　　　图2-47　绘制眼线

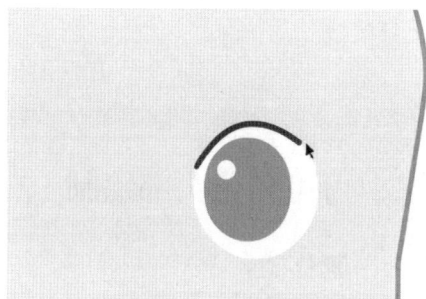

3.将线条转换为填充

在菜单栏中，选择【修改】—【形状】—【将线条转化为填充】，如图2-49所示。

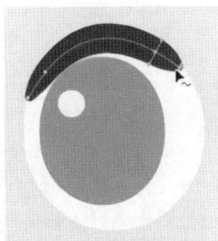

图2-48 宽度工具　　　图2-49 线条转换为填充

（三）制作眉毛

1.制作眉毛

用【直线】工具绘制眉毛，再用【宽度】工具调整眉毛的宽度。退出到场景，选择已经做好的眼睛，按【Alt+移动】，复制另外一只眼睛，如图2-50所示。

2.对齐

调整眼睛的位置：选择两只眼睛和眉毛，选择【对齐】工具，调整位置，如图2-51所示。

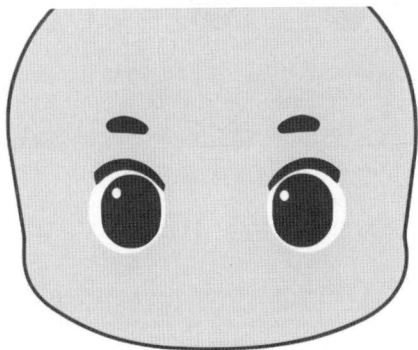

图2-50 制作眉毛　　　　　　图2-51 对齐工具

（四）绘制头发

1.绘制头发

选择【铅笔】工具，按照可可的发型在额头绘制头发，如图2-52所示。用【选择】工具调整边缘轮廓—选择【属性】—【对象】—【形状】选项卡—【平滑】（S），鼠标单击多次进行平滑，如图2-52所示。

2.优化曲线

如果发现曲线的连接处还是不够光滑，双击选择需要光滑的部分，选择菜单栏中的【形状】—【优化】调整数值优化曲线，如图2-53所示。

图2-52 选择"平滑"

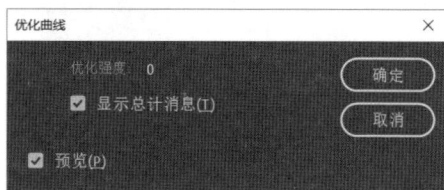

3.绘制头发

最后用直线密封曲线，填充颜色，轮廓线、头发#6A3023，如图2-54所示。

图2-53 优化曲线

（五）绘制耳朵

在工具箱中单击【基本矩形】工具或【椭圆】工具，填充颜色为#FCE0CF，边框线颜色为#6A3023，在如图2-55所示的位置，绘制并复制耳朵。

图2-54 绘制头发　　　　　　图2-55 绘制耳朵

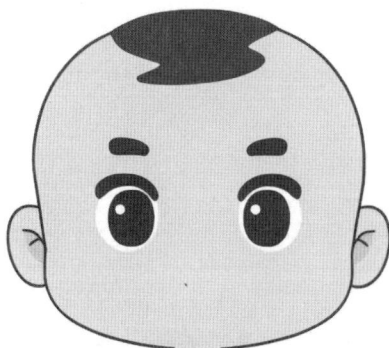

1.复制耳朵

选择制作好的耳朵，按【CTRL+C】复制。

2.粘贴耳朵

按【CTRL+V】组合键粘贴，可以将复制的对象粘贴到中心位置。按【CTRL+SHIFT+V】组合键，可以将对象粘贴到复制对象相同的位置。

（六）绘制嘴巴

在工具箱中单击【基本矩形】工具，填充色取消□，轮廓线设置为2，颜色为

#6A3023，按照可可的嘴型绘制嘴巴。

在没有任何选择的情况下，按【CTRL+G】创建鼻子，选择【椭圆】工具，颜色为皮肤色#F9BFA8，在鼻子的位置绘制椭圆，选择【选择】工具将椭圆上边缘向下推，如图2-56所示。双击空白处，退出组。

在没有任何选择的情况下，按【CTRL+G】创建脸颊，选择【椭圆】工具，颜色选择径向渐变，颜色为#F9BFA8，并在色彩条上相应位置设置点，设置颜色为#FE9292，#FE9595，#FF9999，透明度分别设置为68%，60%，18%，0%，在脸颊的位置绘制椭圆，宽55.4，高35.3。双击空白处，退出组。选择脸颊—右键—选择【转换为元件】（F8）—名称设置为"脸颊"，类型为【影片剪辑】—选择【属性】—色彩效果—【Alpha】值为54%—滤镜—【＋】选择模糊—设置值为4，如图2-57所示。

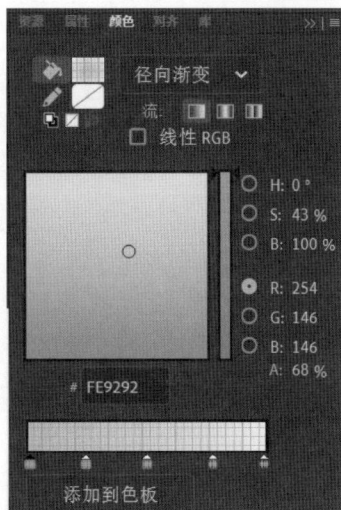

图2-56　绘制脸颊

图2-57　绘制耳朵

（七）绘制帽子和花边

1.绘制帽子

在工具箱中单击【椭圆】工具，绘制可可的帽子。笔触颜色为#6A3023，帽子的颜色为#92CEF5，帽子高光颜色为帽子高光#C8ECFB。调整帽子的大小。

2.绘制花边

用【画笔工具】（Y）或【铅笔工具】（N）绘制一半的花边，另一半用右键—变形—水平翻转的方式复制。调整帽子花边的弧度，用【修改】—【形状】—【优化】调整数值，填充颜色为帽子花边#509ED1，如图2-58所示。最后用画笔工具绘制帽角，如图2-59所示。

图2-58 帽子花边   图2-59 绘制帽角

三、可可角色身体绘制

（一）绘制身体和尿布

1.身体

在工具箱中单击【画笔】或【钢笔】工具绘制身体，优化调整身体的圆滑程度，如图2-60所示。

2.尿布

在工具箱中单击【画笔】或【钢笔】工具，绘制尿布，颜色为#FFFFFF。先绘制一半，用水平【翻转】—【复制】的方式，绘制另一半，如图2-60所示。

图2-60 绘制身体和尿布

【知识链接】：油漆桶的填充类型

在绘制边线时，尽量交叉绘制，多余的部分可以选择删除，避免空隙过大不能填充颜色，如图2-61所示。如果填充不上，可以在选择油漆桶工具的情况下，在工具栏下方【间隔大小】选择封闭大空隙，如图2-62所示。

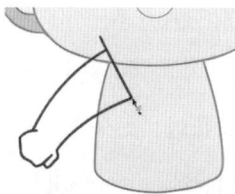

图2-61 交叉绘制

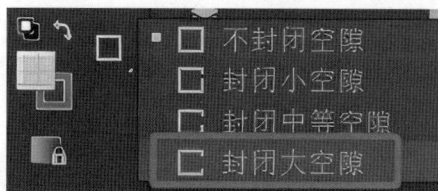

图2-62 封闭大空隙

（二）绘制肩带

工具箱中单击【基本矩形】工具，绘制肩带。打开【属性】，调整矩形选项数值，修正肩带的弧度和形状，复制肩带，调整到对应位置，如图2-63所示。

图2-63　绘制肩带

（三）绘制腿和鞋子

在工具箱中单击【直线工具】（N），线条交叉绘制腿的轮廓，肤色为#FCE0CF。绘制完成后删除多余的线头，如图2-64所示。

在菜单栏中选择【修改】—【形状】—【优化】，调整身体的圆滑程度，腿相对较粗，如图2-65所示。

选择【铅笔】工具，【Ctrl+G】打组，同理绘制鞋子，鞋子固有色#3D70A0。

绘制完成后，选择袜子与腿，整体打组【（Ctrl+G）】—【Ctrl+C】【Ctrl+V】，复制粘贴—水平翻转—对齐调整位置，如图2-66所示。

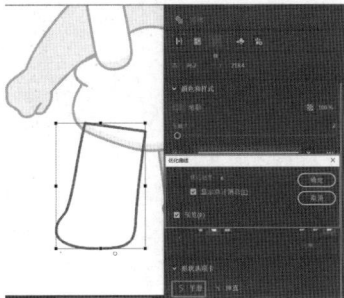

图2-64　绘制腿　　　　　图2-65　优化轮廓　　　　　图2-66　绘制鞋子

（四）绘制阴影

在工具栏中选择【铅笔工具】（Shift+Y），笔触颜色设置为红色，绘制阴影，鞋子阴影为#315982，如图2-67所示。

最终完成可可角色的绘制，整体效果如图2-68所示。

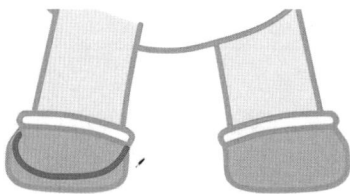

图2-67　绘制鞋子阴影　　　　图2-68　角色整体效果

第三节　手绘角色绘制技法

本节课主要目标：

1. 了解Animated CC 2023中手绘角色的绘制技法。

2. 掌握流畅画笔工具、传统画笔工具和画笔工具的使用方法和属性。（重点）

3. 熟练应用不同类型的画笔工具的属性对角色上色。（难点）

4. 熟练应用流畅画笔工具绘制不同类型的手绘动画角色，掌握优化角色线稿的方法。

5. 掌握影片剪辑元件中的模糊和发光工具的使用方法。（提升）

源文件教学资料：第二章第三节张衡.FLA、第二章第三节沈括.FLA

一、手绘中国古代科学家——张衡

（一）张衡简介

张衡（公元78—139），字平子，东汉时期著名的科学家、天文学家、数学家、发明家和文学家，出生于南阳西鄂（今河南省南阳市石桥镇）。张衡才华横溢，学识渊博，他在天文学、地震学、机械工程和文学领域都取得了辉煌成就。他以浑天说、地动仪和文学作品闻名于世，是中国乃至世界科学发展史上的杰出人物。

张衡的画像曾在历史教科书上出现，给学生留下了深刻的印象。根据历史资料，我们可以了解到张衡的基本外貌和服饰特征，为动画手绘角色提供参考，如图2-69所示。

图2-69 张衡画像

1.外貌特征

（1）智慧与儒雅的面容。

五官特点：眉宇间流露出智慧和从容，面容清秀，带有学者的沉稳感。

表情设计：保持思考或专注的表情，可以表现他深入研究科学时的状态。

年龄设定：根据张衡的成就高峰期，选择30~50岁成熟学者的形象，以展现他的学术深度与责任感。

（2）发型设计。东汉时期的男子多梳发髻，发髻整洁高束，彰显儒士身份。可搭配几缕自然垂下的发丝，增添生动感。头戴简洁的巾帻（古代学者常见装束），突出其儒学背景。

2.服饰风格

（1）汉代儒士服装。

主色调：以青色或褐色为主，象征学者的质朴和专注。可以在细节处增加流云纹、星辰纹样，以暗示张衡的天文学成就。

服饰款式：宽袍大袖的汉服设计，袖口微卷，便于操作仪器和书写，突出在进行科学研究时的实用性。

（2）配饰设计。

书卷与简策：手持竹简或卷轴，象征其文学和科学成就。

在绘制张衡的角色时，需要从外貌特征、服饰风格到整体形象设计上，凸显他的身份和精神内涵。

3.动态表现

仔细观测天象：仰望天空，手持毛笔，思考和记录，展现天文学家的探索精神。最终效果图如2-70所示。

（二）绘制步骤

1.绘制草稿

双击打开 Animate CC 2023 软件，【文件】—【新建】（Ctrl+N）—设置尺寸为宽720，高1280，FPS为30或24，舞台背景为白色。

选择【流畅画笔】（Shift+B）工具 ，绘制草图，如图2-71所示。根据绘制内容调整画笔属性，保证绘制的流畅度，如图2-72所示为流畅画笔工具的属性栏。相对【传统画笔】（B）工具 和【画笔工具】（Y） ，流畅画

图2-70　张衡角色设计效果图

笔工具可调节的属性值较多，其中曲线平滑工具可以帮助我们绘制的曲线效果更加流畅，防止抖动，属性值越大防抖效果越好。

图2-71　张衡线稿草图　　　图2-72　流畅画笔工具属性栏

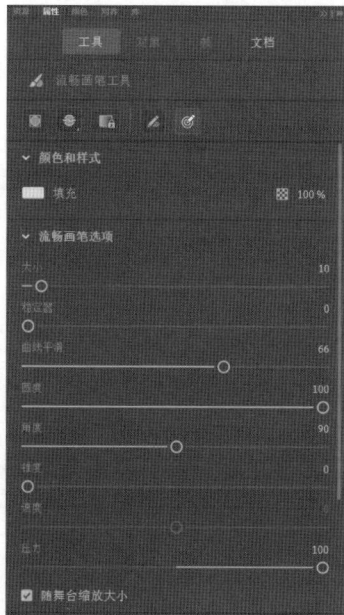

2.绘制线稿

绘制完成草稿后，在时间轴上双击图层名称，并将图层名称改为【草稿】—选择草稿图层—右键—选择【新建图层】，并将图层命名为【线稿】层，方便管理图层，此处的时间轴相当于Photoshop中的图层，如图2-73所示。

选择【草稿】图层，进一步选择【属性】 ▦ —【帧】—【色彩效果】—【Alpha】，调整Alpha的值为27%，降低草稿的透明度，方便线稿的绘制。

选择【线稿】图层，选择【流畅画笔】（Shift+B）工具 ✐ ，根据草稿内容进行描线，最终效果如图2-74所示。

图2-73　图层管理

图2-74　张衡线稿

3.优化线稿

绘制完成线稿后，为使线条更具风格、更流畅，可以使用曲线工具进一步优化线条。

复制线稿图层。选择【线稿】图层—右键—【复制图层】—命名为"线稿复制"图层。

关闭原有线稿图层。选择原始【线稿】图层—选择眼睛按钮 ◉ ，关闭图层显示。

优化线稿。选择【线稿复制】—【选择】工具—全选线稿—选择工具栏下方的曲线工具，如图2-75所示。可以多次单击"S"曲线按钮，直到满意，最终优化后的线稿如图2-76所示。

4.填充颜色

上色阶段主要采用【油漆桶】工具 🪣 和【流畅画笔】的属

图2-75　优化线稿工具

图2-76　优化后的线稿

性中不同的画笔模式 ，如图2-77所示。由于油漆桶工具上色对线条的密封性有要求，因此，此案例采用优化前的线稿进行上色。

选择工具栏【油漆桶】工具，工具栏最下方选择【封闭大空隙】 —选择颜色：头发颜色为#333333，皮肤颜色为#FFD8B4，头巾及衣服颜色为#006699，袖口、衣领及头绳的颜色为#66CCFF，裳的颜色为#339FA8，竹简的颜色为#7A4C32。

由于选择了【封闭大空隙】填充方式，部分小地方会有填充不完整的地方，这时，选择【流畅画笔】工具—【属性】—【画笔模式】—【后面绘画】对部分细节进行填充，最终上色效果如图2-78所示。

图2-77　画笔模式

图2-78　张衡人物上色效果

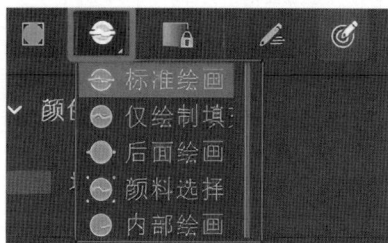

【知识链接】：【流畅画笔】的上色方式

流畅画笔的上色方式有五种，分别是标准绘画、仅绘制填充、后面绘画、颜料选择、内部绘画。

标准绘画即一般绘画方式。仅绘制填充即只有填充颜色的部分才能上色，轮廓线无法上色，这对线稿上色很有用，也适合绘制阴影。后面绘画即图像的后边绘制，如图2-79所示。颜料选择即选择的部分才能上色，轮廓线不能上色，如图2-80所示。内部绘画即只有在画面填充的地方上色，如图2-81所示。

图2-79　后面绘画

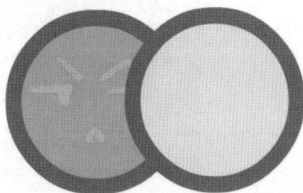

图2-80　颜料选择

图2-81　内部绘画

5.绘制星空

填充背景色。选择【时间轴】—【新建图层】—重命名为"背景层"—选择【油漆桶】工具—颜色为#000033。

绘制星座。选择【圆形】和【直线】工具，颜色为白色，根据图2-82所示，绘制水瓶座、巨蟹座、金牛座、双鱼座等星座图。要求每做完一个星座进行【Ctrl+G】打组。

制作星座模糊效果。选择【双鱼座】星座—【转化为元件】（F8）—【影片剪辑】—【属性】—【滤镜】—【+】—【模糊】：模糊X、模糊Y分别为10，质量为高，如图2-83所示。

图2-82　绘制星座图

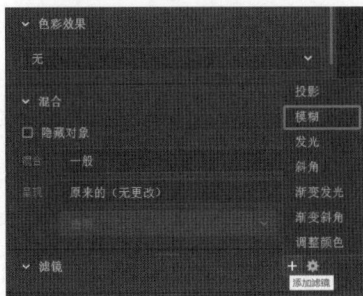

图2-83　制作星座模糊效果

制作发光效果。选择双鱼座元件—【右键】—【将元件分离为图层】（图2-84）。将图层命名为"双鱼座发光"—选择【属性】—【滤镜】—【发光】：值为6，质量为高。最终效果如2-85所示。

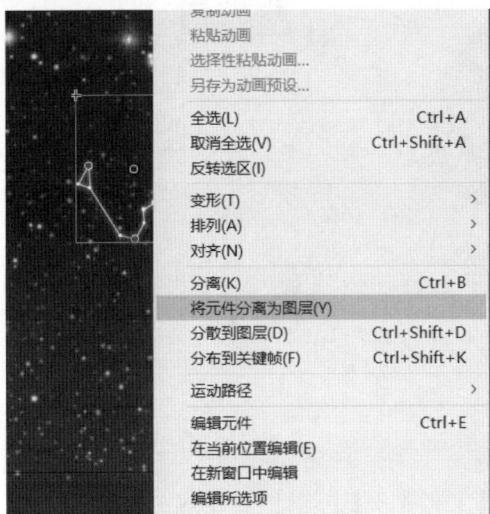

图2-84　将元件分离为图层

图2-85　张衡完成稿

二、手绘中国古代科学家——沈括

（一）沈括简介

沈括出生于杭州钱塘（今浙江省杭州市），自幼聪颖好学，尤擅数学、天文、地理等自然科学。他博览群书，知识面广泛，早年通过科举考试步入仕途，历任多种官职，包括地方官、中央翰林学士等。在任职期间，他致力于实地考察与技术革新，多次主持水利工程、天文测绘和军事防御的规划工作，为北宋社会经济和国防做出了重要贡献。他晚年辞官隐居，期间整理了大量的科学研究成果，并完成了《梦溪笔谈》这部巨著，沈括在历史文献中的画像如图2-86所示。

接下来，本章节将以沈括的卡通版形象为例，如图2-87所示，介绍流畅画笔及其属性的使用方法和技巧。

图2-86　沈括画像

图2-87　沈括卡通版形象

（二）绘制步骤

1.绘制草稿

双击打开Animate CC 2023软件，【文件】—【新建】（Ctrl+N）—设置尺寸为宽720，高1280，FPS为30或24，舞台背景为白色。

选择【流畅画笔】(Shift+B)工具 ✐，绘制草稿，如图2-88所示。根据绘制内容调整画笔属性，确保绘制的流畅度。

2.绘制线稿

完成草稿绘制后，在时间轴上双击图层名称，并将图层名称改为"草稿"，选择草稿图层—右键—选择【新建图层】，并将图层命名为"线稿"，方便管理图层。

选择【草稿】图层，进一步选择【属性】▦—【帧】—【色彩效果】—【Alpha】，调整Alpha的值为27%，降低草稿的透明度，方便线稿的绘制。

选择【线稿】图层，选择【流畅画笔】(Shift+B)工具 ✐，根据草稿内容进行描线，最终效果如图2-89所示。

图2-88 草稿

图2-89 线稿

3.优化线稿

绘制完成线稿后，为使线条更具风格、更流畅，可以使用曲线工具进一步优化线条。

（1）复制线稿图层。选择【线稿】图层—右键—【复制图层】—命名为"线稿复制"图层。

（2）关闭原有线稿图层。选择原始【线稿】图层，选择眼睛按钮 👁，关闭图层显示。

（3）优化线稿。选择【线稿复制】—【选择】工具—全选线稿，选择工具栏下方的曲线工具，最终优化后的线稿如图2-90所示。

图2-90 优化后的线稿

4.填充颜色

上色阶段主要采用【油漆桶】工具 ![icon] 和【流畅画笔】的属性中不同的画笔模式 ![icon] 。先选择【线稿】图层，再选择工具栏【油漆桶】工具，工具栏最下方选择【封闭大空隙】 ![icon] —选择颜色：帽子的颜色为#333333，皮肤颜色为#ffb08f，衣服颜色为#c0525b，桌子的颜色为#663332。

选择没有优化的线稿，删除，显示优化后的线稿图层，选择【流畅画笔】工具—【属性】—【画笔模式】—【后面绘画】对部分细节进行填充，最终上色效果如图2-91所示。

图2-91　沈括完成稿

本章小结

基于动画行业市场需求，本章主要从MG二维动画角色、商业二维动画角色、手绘动画角色三个角度详细介绍了Animate CC 2023角色绘制功能、商业角色绘制的要求和标准。在本章中，认识了不同角色类型的基本绘制方法、步骤和Animate CC 2023中【新建文档】和【属性】面板使用方法；掌握了工具栏中【直线工具】【椭圆工具】【基本矩形工具】【铅笔工具】【画笔工具】【传统画笔工具】【流畅画笔工具】【油漆桶工具】等的使用方法；也掌握了【标准绘画】【仅绘制填充】【后面绘画】【颜料选择】【内部绘画】等绘制类型的区别和使用技巧；熟悉了【帧】属性面板中的【滤镜】功能；还掌握了【优化曲线】的使用和属性调整。这些操作都能够帮助学生更快、更好地绘制动画角色。

习题与训练

（1）请使用【墨水瓶工具】为填充色添加描边。

（2）请使用帧的属性为角色增加阴影，以及使用【画笔工具】为角色添加阴影。

（3）请运用所学的知识回答：如果无法填充颜色，又找不到未封闭的开口，应该如何操作？"

思维拓展

（1）可可的走路是如何运动的？是每个动作都画一遍全身吗？

（2）优化曲线有什么作用？

（3）如何使用【变形工具】对图形进行水平或垂直翻转？

项目实训

（1）根据第一节MG卡通角色绘制技法，创造杜甫MG二维角色形象并做出图片中的投影和不同的动作姿势。

（2）根据第二节可可角色绘制技法和微课教学视频演示，制作一个小爱角色形象（图2-92）。

（3）根据第三节手绘角色设计方法，创新设计一个卡通版科学家角色形象。

源文件教学资料：项目实训\第二章【项目实训】小爱.FLA

图2-92　小爱

第三章

Animate CC 2023古诗插画绘制技法

　　场景作为二维动画创作中重要的组成部分，以其丰富的内容、造型、色彩营造氛围，推动故事情节的发展。本章以唐代诗人杨万里的古诗《小池》为脚本，详细介绍如何使用铅笔工具、直线工具、基本矩形工具、椭圆工具、基本椭圆工具、钢笔工具、油漆桶工具、自由选择工具及其属性设置。

能力目标

1. 熟练掌握工具栏中铅笔工具、直线工具、基本矩形工具等工具的使用方法
2. 掌握图层的创建和使用方法
3. 掌握动植物场景及角色的绘制技法

知识目标

1. 通过实践要求学生掌握Animate CC 2023场景绘制方法，包括前景、中景和远景的分层绘制方法
2. 熟练应用【Ctrl +G】打组与【Ctrl +B】打散工具，以及工具栏中的工具提升绘制场景的效率
3. 掌握树叶、花朵、小草等统一修改颜色和部分修改颜色的方法
4. 掌握渐变上色方法的技能

情感目标

1. 激发学生在动画场景方面的创作热情
2. 引导学生深入理解古诗的意境，锻炼学生的动画创作能力，培养学生对动画艺术的热爱和追求，提升学生的艺术修养和审美能力

本章主要知识目标：

1.通过实践要求学生掌握Animate CC 2023场景绘制方法，包括前景、中景和远景的分层绘制方法。（重点）

2.熟练应用【Ctrl +G】打组与【Ctrl +B】打散工具，以及工具栏中的工具提升绘制场景的效率。（难点）

3.掌握树叶、花朵、小草等统一修改颜色和部分修改颜色的方法。

4.掌握渐变上色方法的技能。

源文件教学资料：第三章古诗插画绘制技法.FLA

在二维动画诞生之初，人们确实要对动画每一帧中的所有景物和人物进行绘制。

动画制作的周期很长，做起来耗时耗力。后来人们发现，是否可以将不动的部分保留下来重复利用，只对动的部分进行绘制。例如，场景一般都是不会运动的，而前景的角色在做动作表演。这样只需要绘制一张场景就可以了，而前景的角色可以另行绘制序列帧，最后把两者叠加合成，形成最终画面。这样，层就诞生了。

本节以古诗《小池》为脚本，创作一幅风景插画。

小池

（宋）杨万里

泉眼无声惜细流，树阴照水爱晴柔。

小荷才露尖尖角，早有蜻蜓立上头。

根据古诗中的场景元素分析，可以总结出在《小池》的场景中有泉水、大树、树荫、荷花、荷叶、蜻蜓等设计元素，最终效果如图3-1所示。

图3-1 《小池》场景图

一、构思草图

为了让画面更有层次感，本文构思一个具有前景、中景和远景的画面场景，包括前景的荷叶、荷花、草坪、大树、小池，中景的树、草坪，远景的山、天空、白云，如图3-2所示。

图3-2 《小池》场景草稿

二、绘制场景

（一）绘制前景草坪

1.新建文档

在菜单栏中选择【文件】—【新建】（Ctrl+N）命令，弹出【新建文档】对话框，在【角色动画】预设中选择高清1280×720，右侧帧速率选择30，在【类型】中选择ActionScript3.0，单击【确定】按钮，如图3-3所示。

2.绘制草坪暗部

在时间轴面板中右键【新建文件夹】，修改命名为"前景草坪"，【Ctrl+G】打组，选

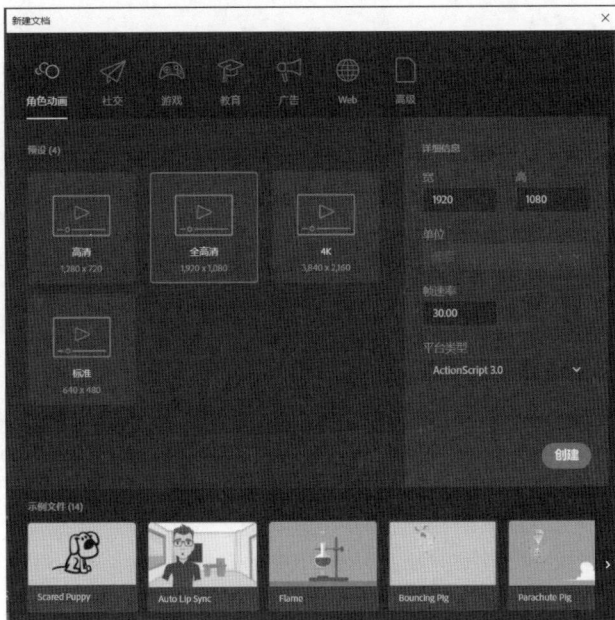

图3-3 新建文档对话框

择【铅笔】（Shift+Y）✎工具绘制前景草坪深色部分，在【属性】面板中将【笔触颜色】设置为无，将【填充颜色】设置为#336666，如图3-4所示。

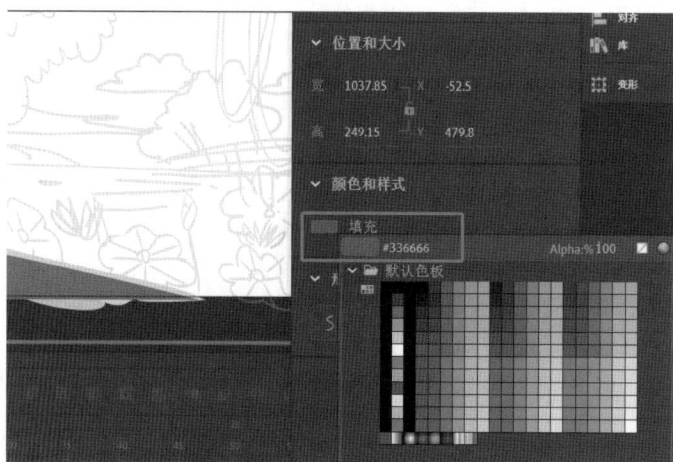

图3-4　绘制前景草坪深色部分

3.绘制草坪固有色

单击空白处取消选择，【Ctrl+G】打组，选择【铅笔】（Shift+Y）✎工具或【画笔】（B）工具绘制前景草坪固有色部分，在【属性】面板中将【笔触颜色】设置为无，将【填充颜色】设置为#529C90，如图3-5所示。

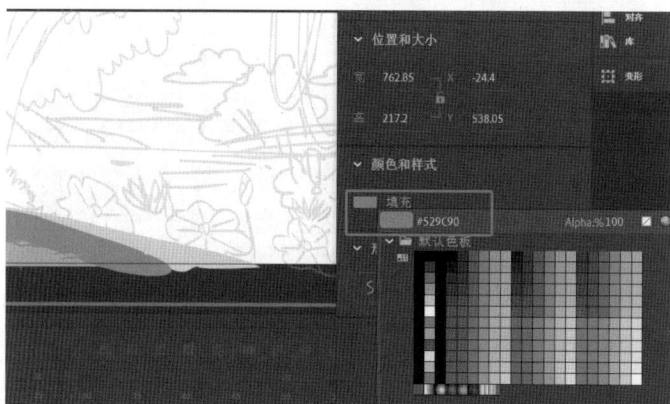

图3-5　绘制前景草坪固有色

4.绘制草坪亮部

单击空白处取消选择，【Ctrl+G】打组，选择【铅笔】（Shift+Y）✎工具或【画笔】

（B）工具绘制前景草坪亮部，在【属性】面板中将【笔触颜色】设置为无，将【填充颜色】设置为#529C90，如图3-6所示。

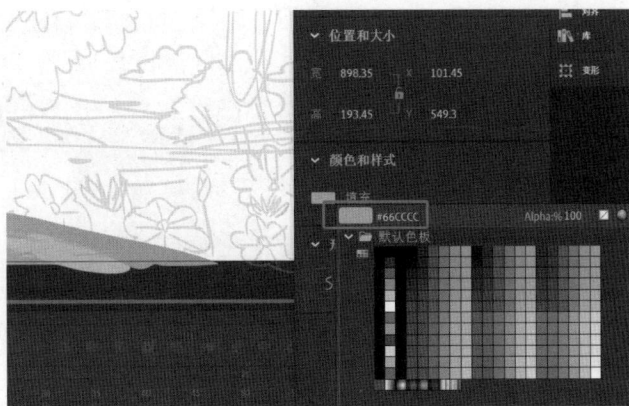

图3-6　绘制前景草坪亮部

5.绘制小草类型一

选择菜单栏中的【插入】—【新建元件】（Ctrl+F8），命名为"小草1"，选择【直线】（N）工具绘制小草，在【属性】面板中将【笔触颜色】设置为#529C90，【宽】选择三角形，然后调整叶子的弯曲形状，如图3-7所示。

图3-7　绘制小草类型一

6.绘制小草类型二

选择菜单栏中的【插入】—【新建元件】（Ctrl+F8），命名为"小草2"，选择【铅笔】

（Shift+Y）🖊工具绘制小草类型二，在【属性】面板中将【笔触颜色】设置为无，将【填充颜色】设置为#66CCCC，如图3-8所示。

图3-8　绘制小草类型二

7.增加草坪细节

在右侧选项栏中选择【库】—【小草2】，将【小草2】拖到场景中，如图3-9所示。选择【属性】—【色彩效果】—【色调】，随后将对应颜色设置为高光色#529C90、固有色#529C90和暗部色#336666。

图3-9　添加小草类型

8.丰富草坪细节

在右侧选项栏中选择【库】—【小草1】，将【小草1】拖到场景中，如图3-10所示。选择【属性】—【色彩效果】—【色调】，随后将对应颜色设置为#66EEC9和#529C90。

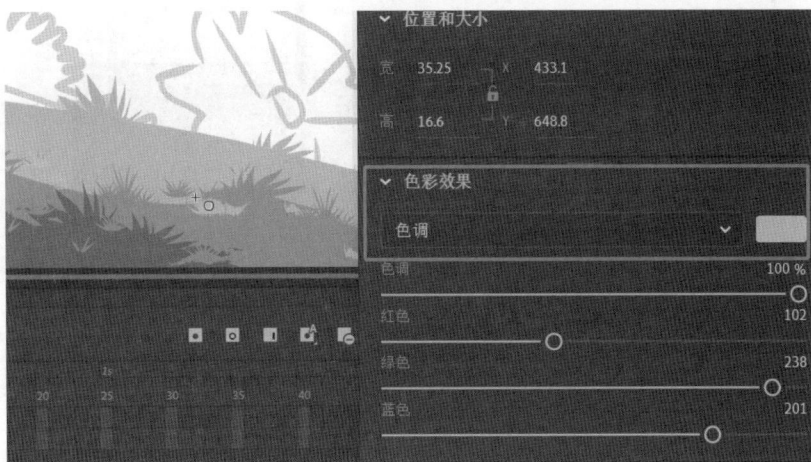

图3-10 丰富草坪细节

（二）绘制中景灌木

1.绘制灌木亮部

单击空白处取消选择，【Ctrl+G】打组，选择【铅笔】（Shift+Y）工具或【画笔】（B）工具绘制灌木亮部，在【属性】面板中将【笔触颜色】设置为无，将【填充颜色】设置为#308033，如图3-11所示。

图3-11 绘制灌木亮部

2.绘制灌木暗部

单击空白处取消选择，【Ctrl+G】打组，选择【铅笔】(Shift+Y) ✏️工具或【画笔】(B)工具绘制灌木亮部，在【属性】面板中将【笔触颜色】设置为无，将【填充颜色】设置为#00593F，如图3-12所示。

图3-12　绘制灌木暗部

【知识链接】：直线工具的叶子样式

为了让灌木边缘更加自然，可以使用直线工具中的叶子效果打破规则呆板的轮廓边缘。选择【直线工具】(N)，打开【属性】栏，选择【样式】中的【叶子】样式，如图3-13所示。也可通过【笔触大小】控制叶子的大小，如图3-14所示。

图3-13　使用叶子样式

图3-14　调整叶子样式大小（一）

3.绘制一片花瓣

选择菜单栏中的【插入】—【新建元件】（Ctrl+F8）—命名为"一片花瓣"，选择【直线】（N）工具绘制花瓣轮廓线，【填充】（K）工具，在【属性】面板中选择填充色为#CC9D50，然后调整花瓣的弯曲形状，如图3-15所示。

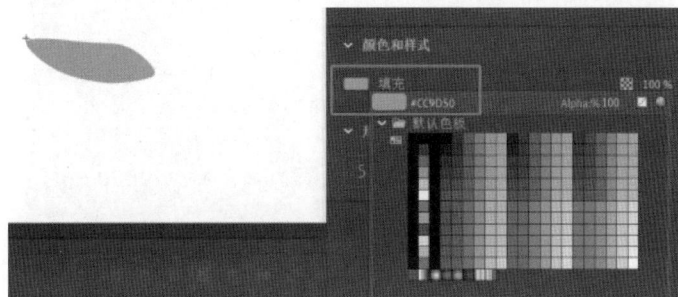

图3-15　调整叶子样式大小（二）

4.复制并旋转花瓣

在【库】中选择【一片花瓣】拖到场景中，选择【花瓣】—复制（Ctrl+C）—原位粘贴（Ctrl+Shift+C），在工具栏中选择【任意变形工具】（Q），将中心小圆点放在花瓣的一端，旋转90°。用同样的操作复制出4个花瓣，如图3-16所示。

全选四个花瓣，【复制】（Ctrl+C）—【原位粘贴】（Ctrl+Shift+C），在工具栏中选择【任意变形工具】（Q），将中心小圆点放在花瓣的一端，旋转45°，如图3-16所示。选择所有8个花瓣，选择右键—转化为元件，命名为"花朵"。

图3-16　绘制四瓣和八瓣花瓣

5.绘制花心

选择【花朵】元件，双击进入【花朵】元件层级，在工具栏中选择【圆形】工具，在【属性】面板中将【笔触颜色】设置为无，将【填充色】设置为#FFFF00，如图3-17所示。双击选择花心—右键【转化为元件】—选择【影片剪辑】，命名为"花心"，在【属性】面板中，选择【滤镜】—【＋】添加模糊滤镜—模糊X和模糊Y值均为2，品质为高，如图3-18所示。

图3-17　绘制花心

图3-18　花心模糊设置

6.修改花瓣颜色

如果需要修改花瓣颜色，只需要在场景中双击花瓣，进入子集，修改一片花瓣颜色，其他花瓣颜色均可更改，如图3-19所示。

图3-19　统一修改花瓣颜色

【知识链接】：只改变一部分花颜色的操作方法

如果只想改变部分花的颜色，可选择需要更改颜色的花朵，在【属性】面板中，选择【色彩效果】—【色调】，选择需要更改的颜色，如图3-20所示。

图3-20　修改部分花朵颜色

7.绘制长草

在灌木中经常会出现一些长长的草，可丰富灌木造型。在工具栏中选择【直线】工具，在属性栏中将【宽】设置为三角形，如图3-21所示。

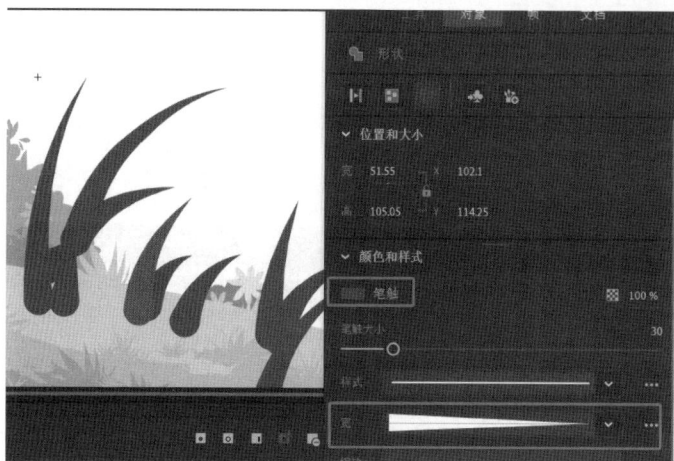

图 3-21　绘制长草

（三）绘制荷叶和荷花

1.绘制荷叶类型一

在菜单栏中选择【插入】—【新建元件】（Ctrl+F8）—命名为"荷叶 1"，在工具栏中使用【钢笔工具】，在【属性】面板中，选择【笔触】颜色为#336666，绘制荷叶的边缘及叶脉，如图 3-22 所示。绘制完成后，选择工具栏中【油漆桶】（K）工具，在【属性】面板中，选择【填充】颜色为#6FB997，如图 3-23 所示。

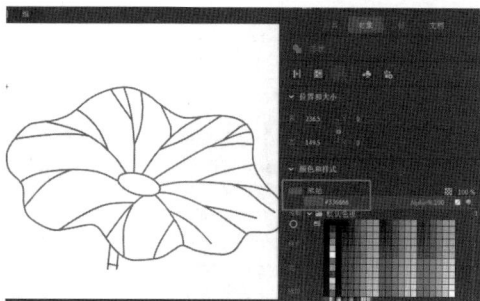

图 3-22　绘制荷叶类型一轮廓

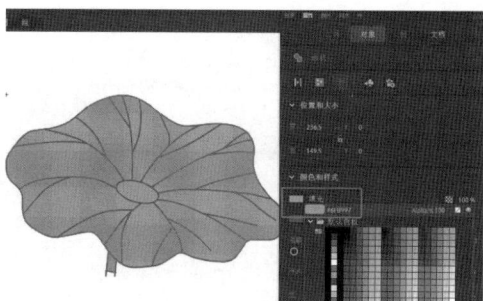

图 3-23　填充荷叶类型一颜色

2.绘制荷叶类型二

在菜单栏中选择【插入】—【新建元件】（Ctrl+F8）—命名为"荷叶 2"，在工具栏中使用【钢笔工具】，在【属性】面板中，选择【笔触】颜色为#336666，绘制荷叶的边缘及叶脉，如图 3-24 所示。绘制完成后，选择工具栏中【油漆桶】（K）工具，在【属性】面板中，选择【填充】颜色为#6FB997，如图 3-25 所示。

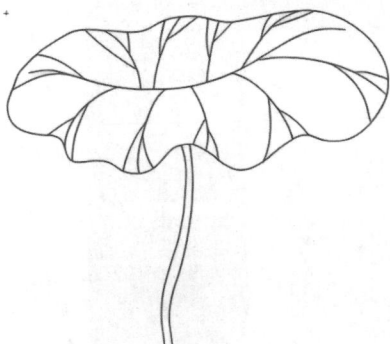

图 3-24 荷叶类型二线稿　　　　　图 3-25　填充荷叶类型二颜色

同理，绘制荷叶类型三和荷叶类型四，如图 3-26 所示。

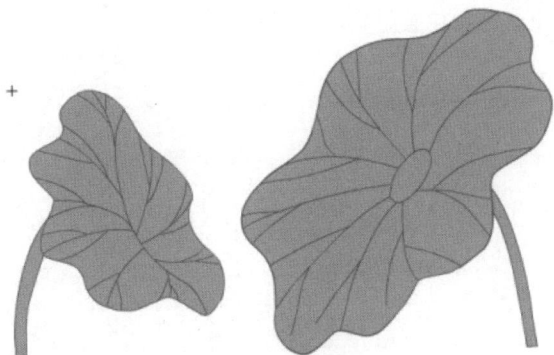

图 3-26　荷叶类型三和类型四

3.绘制荷花类型一

在菜单栏中选择【插入】—【新建元件】（Ctrl+F8）—命名为"荷叶 2"，在工具栏中使用【铅笔】工具，在【属性】面板中，选择【笔触】颜色为 #A0484A，绘制荷花轮廓，如图 3-27 所示。绘制完成后，选择工具栏中【油漆桶】（K）工具，在【属性】面板中，选择【线性渐变】类型【填充】颜色左边为 #FF9999，右边为 #FFFFFF，如图 3-28 所示。

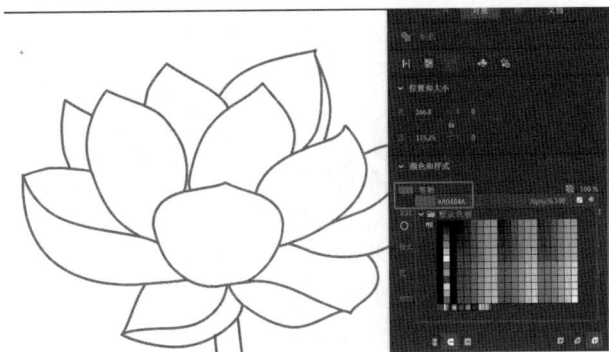

图 3-27　荷花线稿类型一

图3-28　荷花上色

　　同理，绘制荷花类型二和荷花类型三，如图3-29所示。最后，选择【库】中的荷叶和荷花，摆放在场景中合适的位置，如图3-30所示。

图3-29　荷花类型二和荷花类型三

图3-30　场景中的荷花和荷叶

（四）绘制大树

1.绘制树干

在菜单栏中选择【插入】—【新建元件】（Ctrl+F8）—命名为"树干"，在工具栏中使用【铅笔】工具，在【属性】面板中，选择【笔触】颜色为##9A7451，绘制树干外轮廓，在选择【笔触】颜色为#4E3922，绘制树干纹路。选择工具栏中【油漆桶】（K）工具，在【属性】面板中，选择【填充】颜色为#9A7451，填充树干亮部颜色，如图3-31所示。

图3-31　绘制树干

2.绘制树干固有色

使用【铅笔】工具，选择任意【笔触】颜色绘制树干阴影轮廓线，如图3-32所示。最后选择工具栏中【油漆桶】（K）工具，在【属性】面板中，选择【填充】颜色为#4E3922，填充树干固有色，填充完之后删除红色轮廓线。

图3-32　绘制树干固有色

3.绘制树干暗部

使用【铅笔】（Shift+Y）工具，选择任意【笔触】颜色绘制树干暗部轮廓线，如图3-33所示。最后选择工具栏中【油漆桶】（K）工具，在【属性】面板中，选择【填充】颜色为##40311E，填充树干固有色，填充完之后删除红色轮廓线。

图3-33　绘制树干暗部

4.绘制前层树叶

使用【铅笔】（Shift+Y）工具，在【属性】面板中，选择【笔触】颜色为#FF0000，绘制前层树叶轮廓。选择【填充】颜色为#33CC99，选择工具栏中【油漆桶】（K）工具，填充树叶颜色，填充完之后删除红色轮廓线，如图3-34所示。

图3-34　绘制前层树叶

5.绘制中层树叶

使用【铅笔】（Shift+Y）工具，在【属性】面板中选择【笔触】颜色为#FF0000，绘制中层树叶轮廓。选择【填充】颜色为#009075，选择工具栏中【油漆桶】（K）工具，填充树叶颜色，填充完之后删除红色轮廓线，如图3-35所示。

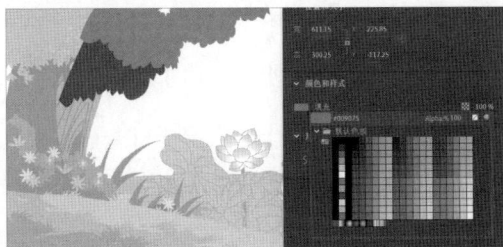

图3-35　绘制中层树叶

6.绘制后层树叶

使用【铅笔】（Shift+Y）工具，在【属性】面板中选择【笔触】颜色为#FF0000，绘制中层树叶轮廓。选择【填充】颜色为#00483D，选择工具栏中【油漆桶】（K）工具，填充树叶颜色，填充完后删除红色轮廓线，如图3-36所示。

图3-36　绘制后层树叶

7.绘制一片树叶

在工具栏中选择【直线】（N）工具，在【属性】面板中选择【笔触】颜色为#FF0000，绘制叶子的轮廓。选择工具栏中【油漆桶】（K）工具，在【属性】面板中选择【填充】颜色为#33C36F，填充树叶颜色，填充完之后删除红色轮廓线，如图3-37所示。选择叶子，右键【转化为元件】—【图形】元件，命名为"一片叶子"。

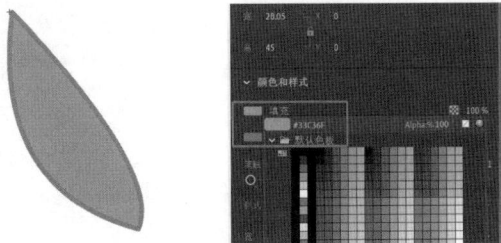

图3-37　绘制一片树叶

8.绘制三片树叶

在【库】中，选择【一片叶子】拖到【舞台】中，选择【叶子】,【复制】（Ctrl+C）—【原位粘贴】（Ctrl+Shift+V），选择复制后的叶子，在工具栏中选择【任意变形工具】（Q）将中心原点放在如图3-38所示位置，旋转叶子。选择所有叶子，右键【转化为元件】—【图形】元件，命名为"三片叶子"。

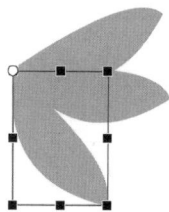

图3-38 绘制三片树叶

9.丰富树叶外轮廓

选择【库】中的【一片叶子】【三片叶子】和【一簇叶子】到场景中，根据树叶的颜色调整叶子的颜色，如图3-39所示。

在【属性】中选择【色彩效果】中的【色调】修改颜色。

图3-39 丰富树叶外轮廓

（五）绘制湖水

在工具栏中选择【钢笔】（P）工具，在【属性】面板中选择【笔触】颜色设置为#FF0000，绘制一个封闭的图形，在工具栏中选择【填充】工具，在【属性】面板中选择【颜色】类型选择为【线性渐变】，渐变条左边颜色为#00CCFF，右边颜色为#76D2B8，如图3-40所示。

图3-40 绘制湖水

（六）绘制水面荷叶

在工具栏中选择【基本椭圆】（Shift+O）⬭工具，在【属性】面板中选择【笔触】，颜色设置为#33CCCC，【填充】颜色设置为#009966，开始角度设置为65，如图3-41所示。在工具栏中选择【任意变形】（Q）▣工具，压缩水面荷叶，放置在如图3-41所示的位置。

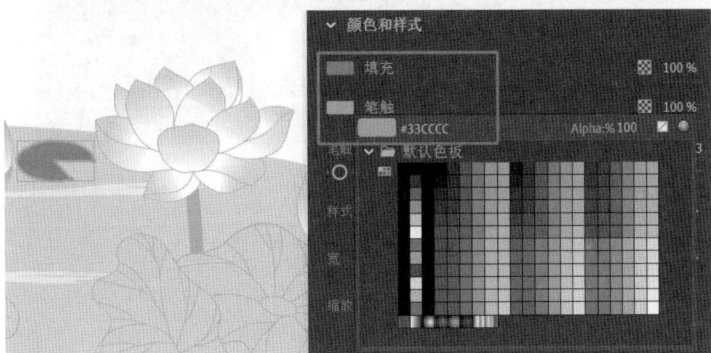

图3-41　绘制水面荷叶

（七）添加远景

Animate CC 2023中为用户提供了很多优质资源。用户可以用资源中的场景添加到本案例的远景中。选择界面右侧【资源】栏，选择【静态】—【背景】，可以看到有很多不同地点、季节和时间的场景，如图3-42所示。我们选择【tree-spring】作为本案例的远景，如图3-43所示。

图3-42　Animate CC 的资源功能

图3-43　Animate CC 的背景资源

将所选中的【背景图】拖到【场景】中作为远景，调整背景的大小和比例，选择【属性】栏，宽度为1073.25，高度为554，X轴为231.05，Y轴为-0.8，如图3-44所示。

图3-44　调整远景位置

（八）绘制蜻蜓

1.绘制蜻蜓类型一身体

在工具栏中选择【基本矩形】（Shift+R）工具，在【属性】面板中【笔触颜色】设置为无，【填充颜色】设置为红色#FF5B70，大小为30.65，41.4，矩形选项为17。在工具栏选项中选择【椭圆圆形】（O）工具，在【属性】面板中【笔触颜色】设置为无，【填充颜色】设置为红色#FF5B70，绘制蜻蜓的身体，大小为宽24.45，高24.45，绘制完成后，选择身体【打组】（Ctrl+G）。之后绘制蜻蜓的尾巴，在工具栏中选择【基本矩形】（Shift+R）工具，在【属性】面板中【笔触颜色】设置为无，【填充颜色】设置为红色#FF5B70，宽为14.85，长为100.85，绘制完成后，选择尾巴【打组】（Ctrl+G）。最后框选头、身体和尾巴三部分共同【打组】（Ctrl+G）。选择【对齐】 ，勾选【与舞台对齐】，点选【垂直中齐】 和【水平中齐】 ，保证蜻蜓身体在【小十字】 上，如图3-45所示。

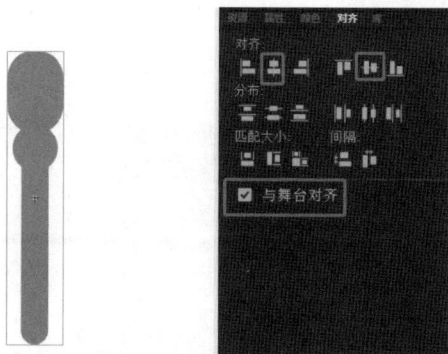

图3-45　绘制蜻蜓身体

2.绘制蜻蜓眼睛

在工具栏中选择【椭圆圆形】（O）工具，大小为28.9，28.9，填充颜色为#333333。选择所绘制的左眼，按【Ctrl+G】打组。选择左眼，按【Alt+鼠标左键移动】复制右眼，并放在合适的位置上，如图3-46所示。

3.绘制眼睛高光

在没有任何物体被选择的情况下，【打组】（Ctrl+G），在工具栏上选择椭圆工具，在场景中蜻蜓的眼睛位置，按【Shift】绘制正圆，在【属性】面板中，【笔触】颜色设置为无，【填充】颜色设置为白色#FFFFFF，大小为5，5。绘制左眼高光。

复制眼睛高光。选择左眼高光，按【Alt+鼠标左键移动】复制右眼高光，并放在合适的位置上，如图3-47所示。

4.绘制蜻蜓尾巴花纹

在工具栏中选择【基本椭圆工具】（Shift+R），在【属性】面板中，【笔触】颜色设置为无，【填充】颜色设置为#333333，大小为15.5，2.65。将【横条花纹】放在如图3-48所示的位置。

按【Alt+鼠标向下键移动】复制5个，【全选】5个【横条花纹】，在右侧【对齐】面板中，取消【与舞台对齐】，点选【水平对齐】▦和【垂直居中分布】▤，如图3-49所示。

图3-46 绘制蜻蜓眼睛

图3-47 绘制蜻蜓眼睛高光

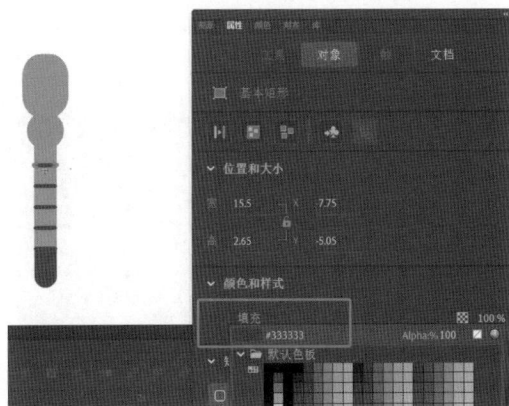

图3-48 绘制蜻蜓尾巴横条纹

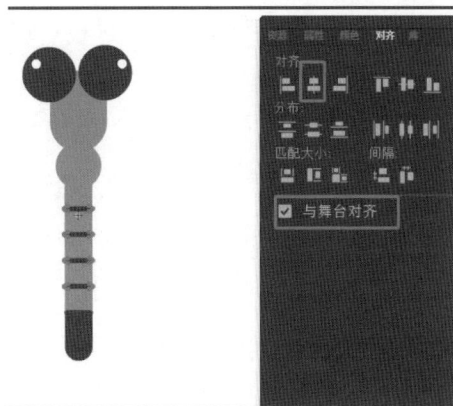

图3-49 对齐横条纹

连续双击选择【红色蜻蜓尾巴】，出现【编辑对象】面板，如图3-50所示。选择【确定】，【尾巴】转为可编辑模式。在工具栏中选择【直线】（N）工具，在【属性】面板中将【笔触】颜色设置为红色#FF0000，在如图3-49所示的位置绘制横线，选择如图3-51所示的色块，在工具栏中选择【油漆桶】（K）工具，在【属性】面板中将【填充】颜色设置为#333333。

5.整理蜻蜓身体

全选绘制的蜻蜓所有部分，如图3-52所示，按【打组】（Ctrl+G），整理成一个组，如图3-53所示。

6.绘制蜻蜓翅膀

在没有任何物体被选择的情况下，按【打组】（Ctrl+G），在工具栏中选择【钢笔工具】，在【属性】面板中设置【笔触】颜色为#0000FF，在场景中绘制蜻蜓的翅膀形状。绘制完成后，在工具栏中选择【油漆桶】（K）工具，在【属性】面板中设置【填充】颜色为#FF6666，如图3-54所示。

7.复制蜻蜓翅膀

退出【编辑】翅膀模式，选择【翅膀】右键【转化为元件】，选择【图形】模式命名为"蜻蜓翅膀"。在场景中选择【蜻蜓翅膀】元件，按【Alt+移动】复制一个翅膀，摆放在如图3-55所示位置。在工具栏中选择【任意变形】▦工具，将【小圆点】

图3-50　编辑对象面板

图3-51　绘制蜻蜓尾巴

图3-52　全选所有组　　　图3-53　整理组

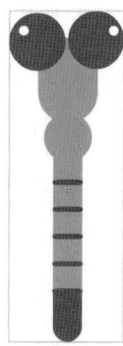

图3-54　绘制蜻蜓翅膀

移动至旋转中心，旋转翅膀到合适位置。

　　选择右侧两个翅膀，【Ctrl+C】复制—【Ctrl+Shift+V】原位粘贴，再选择复制后的翅膀，右键【变形】—【水平翻转】，移动到合适位置，如图3-56所示。

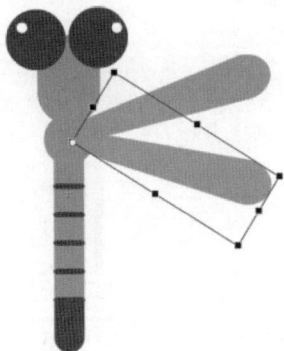

图3-55　旋转蜻蜓翅膀　　　　　　　　图3-56　复制蜻蜓翅膀

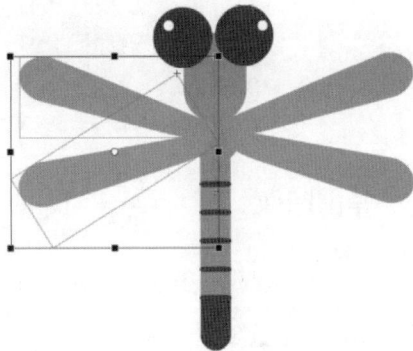

8.改变蜻蜓翅膀透明度

　　蜻蜓的翅膀一般是比较薄和透明的。因此，可选择其中一个翅膀，双击进入编辑模式，在【颜色】属性面板中将Alpha值调为50%，如图3-57所示。由于翅膀是元件，只要调整一个翅膀，其余所有的翅膀透明度都会改为50%，如图3-58所示。

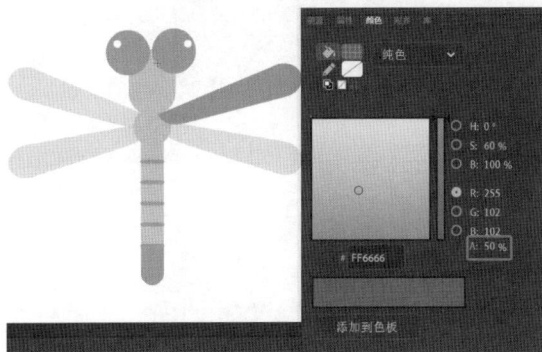

图3-57　调整翅膀透明度　　　　　　　　图3-58　完成蜻蜓

9.绘制蜻蜓类型二

　　在绘制绿色蜻蜓时，应注意前后遮挡关系。例如绘制眼睛时，每个眼睛进行【打组】（Ctrl+G），在同一场景下按【Ctrl+↑】或【Ctrl+↓】调整透视关系。最终完成蜻蜓类型二如图3-59所示。

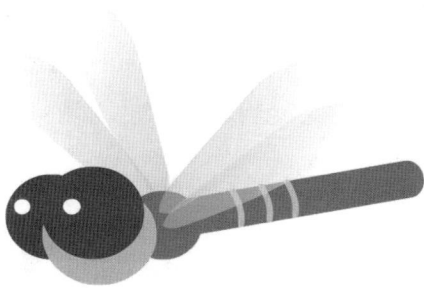

图3-59　蜻蜓类型二

（九）导出图像

将绘制好的蜻蜓摆放在场景中，调整后，选择【文件】—【导出】—【导出图像】，在弹出的【导出图像】选项框中选择 JPEG 格式，品质为 100%，图像大小默认，如图3-60所示，最后保存画面到指定路径，最终效果如图3-61所示。

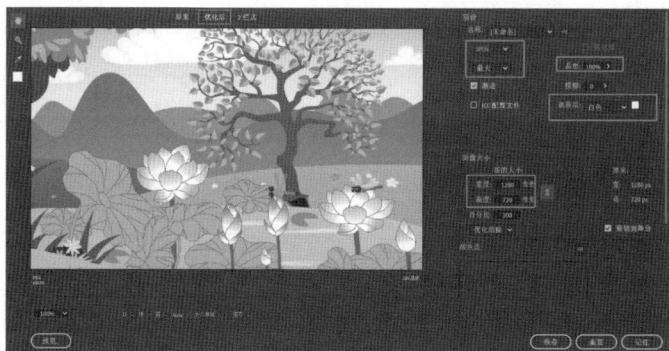

图3-60　导出图像

图3-61　《小池》古诗场景插画图

（十）整理时间轴和库

完成画面后，将场景中的元素按照前景、中景和远景的模式进行规整，如图3-62所示。在【库】中将同类型的元件整合到同一个文件夹中，如图3-63所示。方便后期使用和寻找。因为在正常的动画工程中，元件是非常多的，好的工程管理，会帮助我们更快更便捷地找到文件，节省大量时间。

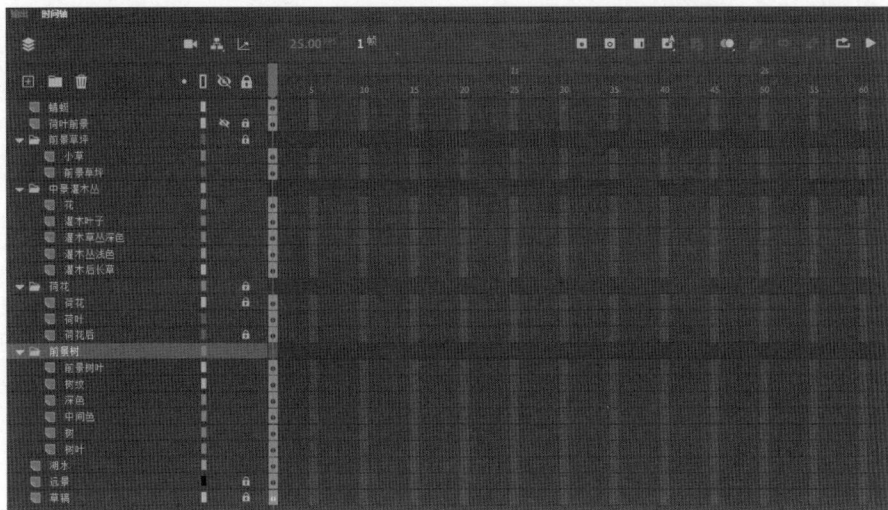

图3-62　整理时间轴

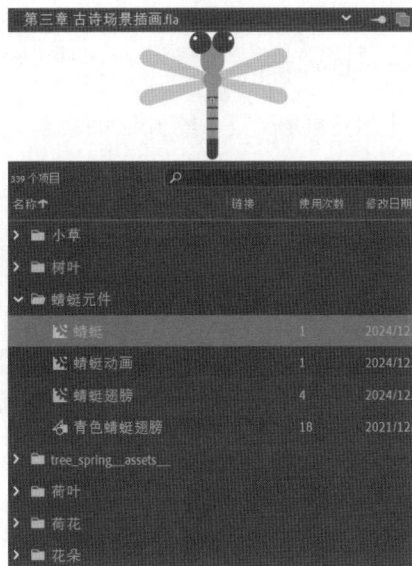

图3-63　整理库

本章小结

本章以唐代杨万里的诗《小池》为脚本，进一步讲解和熟悉了工具栏中【直线工具】【基本椭圆工具】【椭圆工具】【基本矩形工具】【铅笔工具】【油漆桶工具】【任意变形工具】等的使用。学生能灵活掌握【Ctrl+G】打组的使用方法；学会制作【花瓣】和【树叶】元件，并进行统一和部分颜色调整，以及掌握制作渐变色和改变颜色透明度等知识；掌握了【直线】工具属性中不同【宽】的使用方法和修改方法；了解了 Animate CC 2023 的资源功能和使用方法。

此外，本章还讲解了如何系统性管理文件，如何运用时间轴进行分层，如何在【库】中合理管理元件，指导学生梳理工程文件，有助于学生以后更复杂的动画工程管理。

习题与训练

（1）请使用案例中绘制红色蜻蜓的方法绘制侧面的【绿色蜻蜓】。

（2）请使用案例中绘制花朵的方法在前景草坪上绘制一些小花，保证小花至少有 3 种颜色。

（3）请使用案例中绘制叶子的方法，设置新的叶子笔刷。

思维拓展

（1）如何绘制具有毛茸茸效果的小花？

（2）如何利用工具栏中【多角星形工具】绘制五角星？

项目实训

请按照本案例的方法围绕唐代骆宾王的《咏鹅》"鹅，鹅，鹅，曲项向天歌。白毛浮绿水，红掌拨清波"，绘制一幅场景插画，如图 3-64 所示。

图 3-64 《咏鹅》场景插画

第四章

Animate CC 2023元件和库

在动画设计和多媒体创作工具 Adobe Animate CC 中，【元件】（F8）和【库】是两个非常重要的概念，它们能帮助设计者组织和管项目中的素材和动画元素。在前几章中，已经提到元件的创建和部分使用方法，本章将详细介绍元件和库的概念、作用和实践应用。

能力目标

1.掌握元件的创建和库的使用方法
2.掌握关键帧的创建和使用方法
3.掌握使用关键帧创作闪光字

知识目标

1.了解元件的概念、类型、特点和区别
2.了解库的概念、功能、结构，以及元件与库的关系
3.掌握文字的创建和动画制作方法

情感目标

1.激发学生对二维动画的创作热情
2.促进学生了解动画原理，运用动画原理制作有趣的动画，培养学生探索动画趣味性。通过实际操作Animate CC 2023软件，让学生亲手制作动画，体验动画创作的乐趣和成就感。同时，鼓励学生尝试不同的动画效果和创意，培养他们的创新思维和解决问题的能力

第一节　什么是元件和库

本节课主要知识目标：

1.了解元件的概念、类型、特点和区别。

2.了解库的概念、功能、结构，以及元件与库的关系。

3.掌握元件和库的创建和使用方法。

一、元件

（一）元件的概念

元件是一个可以重复使用的图形、按钮或动画对象。在创建时，元件会被存储到"库" 中，方便在场景中多次调用。此时，库中的元件相当于电影演员，需要时就邀请其出来到舞台上进行表演。

（二）元件的类型

在 Animate CC 2023 中主要有3种类型的元件，如图形、按钮和影片剪辑，如图4-1所示，它们都保存在"库"面板中。

（1）图形元件：主要用于静态或时间轴驱动的动画。

（2）按钮元件：主要用于交互，包括不同状态（如普通、悬停、点击）。

（3）影片剪辑元件：主要用于独立运行的动画片段，可以有自己的时间轴。

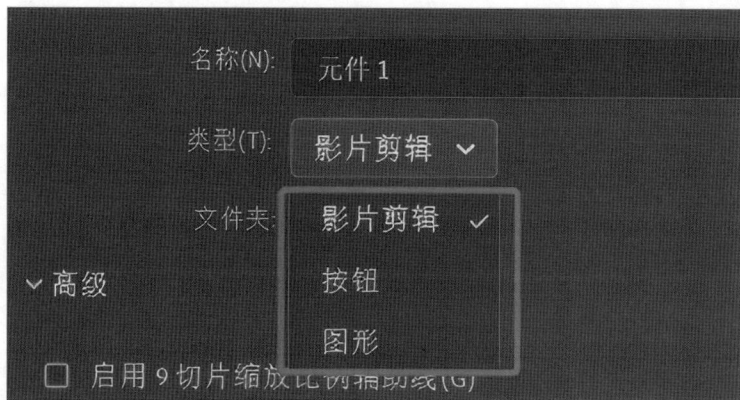

图4-1　元件的类型

（三）元件的特点

修改元件时，其所有实例都会同步发生变化。这一特点方便对工程文件进行统一修改。不足之处是对于初学者来说，如果没有工程管理的习惯，会导致混乱。如果想对某一个图形进行修改，而不影响其他相同元件，可以通过【打散】（Ctrl+B）的方式，将舞台中需要更改的元件进行修改，而不影响库里的元件。

减少文件体积：重复使用元件比多次复制对象更节省资源。

动画独立：元件可以包含自己的时间轴动画。

（四）元件的区别

图形元件在播放时间轴时可以在舞台上实时观看动画，而影片剪辑由于具有独立的时间轴，即使时间轴上只有一帧，在发布动画时，也可以看到动画效果。

图形：依赖主要时间轴播放动画，但不可以加入动作代码。

影片剪辑：可以独立于时间轴播放动画，可以加入动作代码。

按钮：有"弹起""指针经过""按下"和"点击"的四个不同状态，可以加入动作代码，如图4-2所示。

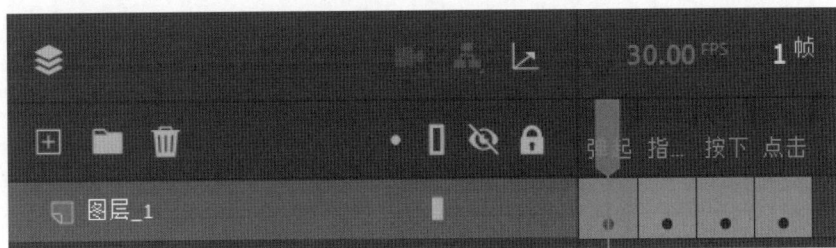

图4-2　按钮元件的状态

二、库

（一）库的概念

库是存储项目中所有素材的地方，包括元件、图像、音频、视频、字体等。它是一个集中管理资源的工具，如图4-3所示。库是元件和实例的载体，是使用Animate CC 2023动画时一个非常有用的工具，使用库可以节省很多重复的操作。另外，使用库还能最大限度地减小动画文件的体积，便于传输和下载。

Animate CC 2023的【库】面板中包括当前文件的标题栏、预览窗口、库文件列表以及相关的库文件管理工具等，如图4-3所示。

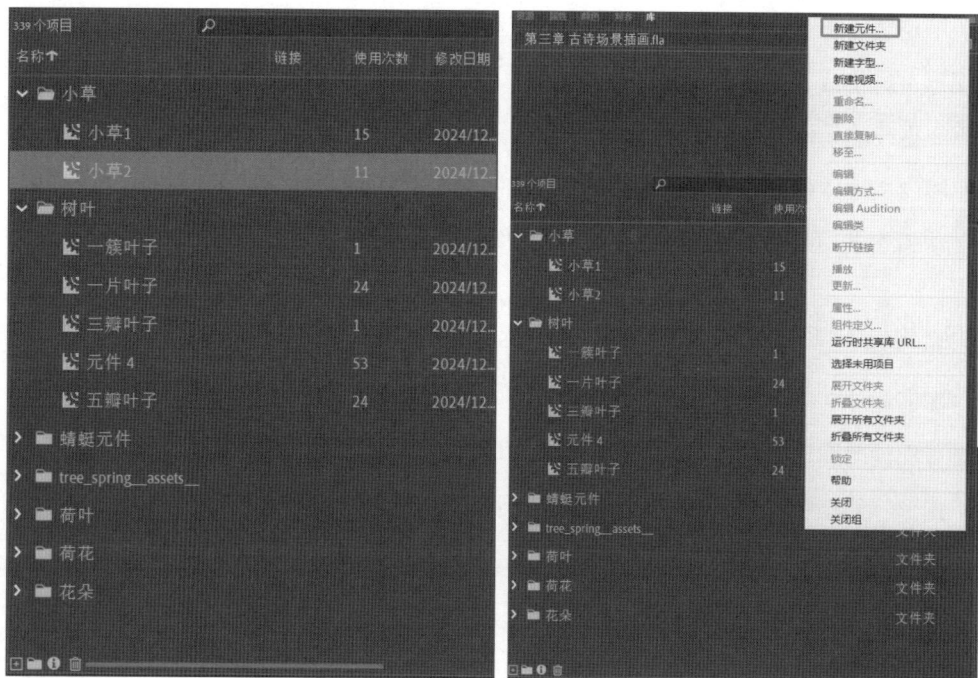

图4-3 库面板

（1）▇按钮：单击这个按钮，可以弹出命令菜单，在该菜单中可以看到有【新建元件】【新建文件夹】【新建字型】【新建视频】等命令。

（2）▇第四章 第二节跳动的小球.fla ▇文档标题栏：通过该下拉列表框，可以直接在一个文档中浏览当前Animate CC中打开的其他文档的库内容，方便将多个不同文档的库资源共享到一个文档中。

（3）▇【固定当前库】：不同文档对应不同的库，当同时在Animate CC中打开两个或两个以上的文档时，切换当前显示的文档，【库】面板也随着文档切换。选择该按钮后，【库】面板始终显示其中一个文档对象的内容，不随文档的切换而切换，这样做可以方便将一个文档库内的资源共享到多个不同的文档中。

（4）▇【新建库面板】：单击该按钮后，会在界面上新打开一个【库】面板，两个【库】面板的内容是一致的，相当于利用两个窗口同时访问一个目标资源。

（5）预览窗口：选择【库】中的一个对象后，会显示在预览窗口中，方便识别。

（6）▇【新建元件】：类似于【新建图层】按钮，单击该按钮会弹出【创建新元件】

对话框。

（7）▣【新建文件夹】：用于整理库中的同类文件，方便调用和寻找元件。

（8）◐【属性】：用于查看和修改元件的属性。

（9）▦【删除】：用于删除不需要的元件或文件夹。

（二）库的功能

（1）管理素材：可以查看、组织、重命名、删除或编辑项目中的资源。为了方便管理，使用者需要合理命名，以方便工程文件的管理。

（2）快速拖放：从库中拖动素材到舞台上，直接使用。

（3）文件共享：通过导出库文件，资源可以在不同项目中复用。

（三）结构

（1）树形组织方式：项目资源通常以文件夹分类，便于管理。

（2）搜索功能：可通过名称或属性快速查找资源。

（四）元件与库的关系

元件创建后会自动保存在库中。库是管理元件的主要工具，通过库，用户可以多次使用元件实例，并在项目中保持一致性。

第二节　制作跳动的小球

本节课主要知识目标：

1.掌握创建不同类型的元件。（重点）

2.熟练应用时间轴的层管理，以及区分图形元件和影片剪辑播放的区别。（难点）

3.掌握交换场景复制粘贴图层。（难点）

4.掌握小球的运动规律，插入关键帧以及复制关键帧。（提升）

5.熟练应用绘图纸外观工具。

视频教学资料：微课教程\第四章第二节跳动的小球.MP4

源文件教学资料：第四章第二节跳动的小球.FLA

本案例最终效果如图4-4所示。

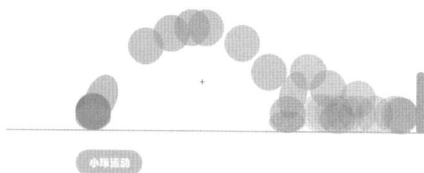

图4-4　跳动的小球动画效果图

一、制作小球元件、地面和挡板

（一）制作小球图形元件

在菜单栏中选择【文件】—【新建文档】高清，长1280，宽720，FPS 30，ActionScript 3.0。选择时间轴图层，重命名为"小球运动"。在工具栏中选择【椭圆工具】（O），在【属性】面板中设置【笔触】颜色为#33CCCC，将【填充】颜色设置为#3399CC，在【场景】中按Shift键创建正圆，如图4-5所示。

双击全选小球—右键—【转换为元件】（F8），在弹出的对话框中【名称】设置为【小球】，将【类型】设置为【图形】，单击【确定】按钮，如图4-6所示。

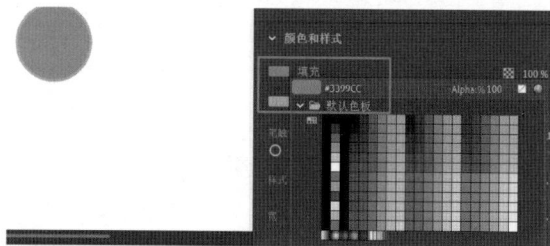

图4-5　绘制小球

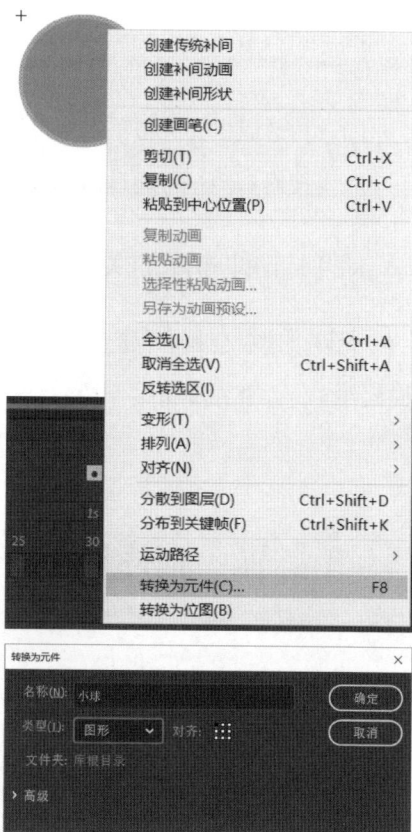

图4-6　小球转换为元件

【知识链接】：Shift键的功能

按住Shift键进行拖动，可以对图形进行等比缩放，也可以绘制直线，增加选择区域。例如，在选择场景中的物体时，按住Shift键，可以自由点选多个物体。

【知识链接】：创建元件的方法

（1）选择菜单栏中【插入】的【创建元件】选项或按Ctrl+F8组合键，创建新元件。

（2）创作完成对象有选择对象，单击右键，在右键菜单栏中选择【转化为元件】，在弹出的对话框中创建元件。

（3）单击【库】面板下方的【新建元件】▣按钮，创建新元件。

（4）单击【库】面板右上角的菜单▤按钮，在弹出的菜单栏中选择第一个【新建元件】命令。

（二）制作地面

在时间轴上，按【新建图层】⊞按钮，双击图层名称修改为"地面"，如图4-7所示。

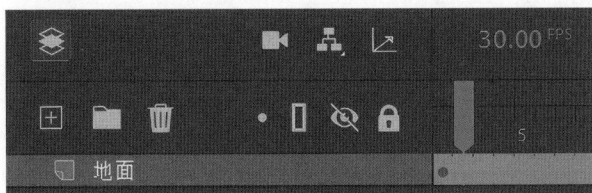

图4-7　创建地面图层

在工具栏中选择【直线】（N）工具，按Shift键在场景的小球下边绘制一条直线，在【属性】面板中设置直线【笔触】颜色为#33CCCC，【笔触大小】为3，如图4-8所示。

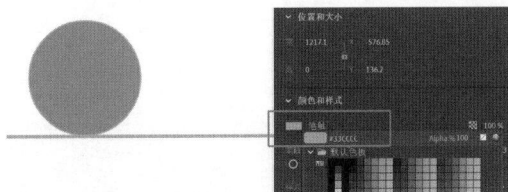

图4-8　创建地面

【知识链接】：识别图层主要按钮

（1）▤：仅查看现有图层。选择这个按钮会只显示被选择的图层。选择后按钮会变

为 ■（查看所有图层）。

（2）■摄影机：选择摄影机后，场景中会出现摄影机的播放条，时间轴图层中会自动新增Camera图层，如图4-9所示，拖动摄影机播放条会使画面中的物体产生推拉效果，如图4-10所示。

（3）■显示父级视图：在时间轴上显示层级之间的关联。主要用于组织和管理嵌套符号的内容。它可以帮助用户快速了解和定位嵌套层级的动画结构，特别是在处理复杂动画项目时，如图4-11所示。在角色运动时会详细讲到使用方法。

图4-9　摄影机按钮效果

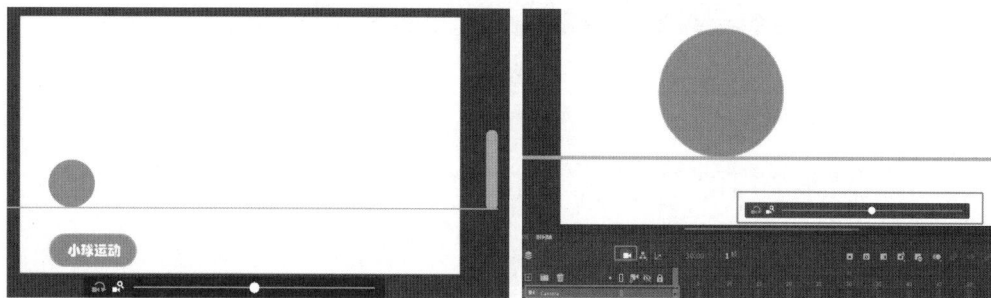

图4-10　摄影机功能

图4-11　父子级

（4）▣增加图层：添加新建图层。

（5）▣添加文件夹：在图层中新增文件夹，方便管理图层。

（6）▣删除图层：删除不需要的图层。

（7）▣关闭或者打开视图：关闭眼睛时场景无法显示所在图层，打开眼睛时场景中可以显示图层。

（8）▣锁定：选择锁定按钮，所在图层无法进行编辑或选择；取消锁定可以重新进行编辑。

（9）▣插入关键帧（F6）：关键帧是为动画提供可编辑的时间点。关键帧决定了动画时间轴上的具体变化位置，是动画制作的核心要素。在时间轴上插入关键帧可以分隔时间轴的一部分内容，用于创建不同的场景或动作。

（10）▣插入空白关键帧（F7）：空白关键帧是完全空的帧，可以在其上添加新的内容，如图形、文本或符号。它用于开始一个全新阶段的动画，避免继承前一帧的内容。

（11）▣插入帧（F5）：相当于复制帧，内容与上一帧一致。

（12）插入帧、普通关键帧和空白关键帧的区别如表4-1所示。

表4-1　插入帧、普通关键帧和空白关键帧的区别

特性	插入帧	普通关键帧	空白关键帧
内容继承	会继承前一帧的内容	会继承前一帧的内容	不会继承任何内容
用法	如果修改内容前边相同帧的内容也会同时改变	修改已有内容的状态	添加全新的内容或清空状态
快捷键	F5	F6	F7

（13）▣自动插入关键帧：当在时间轴的某一帧对对象进行修改（如位置、大小、颜色等），Animate 会自动在该帧插入关键帧，而无须手动插入。通过自动插入关键帧，用户无须频繁地使用右键菜单或快捷键插入关键帧，动画制作更加流畅。但是对于初学者，使用自动插入关键帧会产生混乱。

（14）▣绘图纸外观：主要用于调整工作区背景的显示效果，以便更清晰地查看和操作绘图或动画内容。不同颜色的绘图纸外观能为动画场景或角色设计提供更好的参考，有助于确定元素的边界和布局。

（15）▣▶循环和播放：用于制作动画后，播放观看效果，也可以通过按回车键（Enter）进行播放。如果只选择播放键则只播放一次。如果选择播放键，时间轴上会出现如图4-12所示的蓝色选择区域，只要拖动两端的箭头即可选择需要循环播放的区域，再

选择播放键时会进行连续循环播放。

（16）时间轴的缩放：左右拖动滑块，可以调整时间轴上帧的显示大小。

（17）：编辑时间轴所在的帧数。

（18）：所在项目的帧速率。

图4-12　循环播放按钮

（三）制作挡板

在工具栏中选择【基本矩形工具】（Shift+R），在如图4-13所示位置绘制圆角矩形，【填充】设置为颜色#00CCFF；【笔触】设置为#33CCCC，宽为22.6，高为169.35。

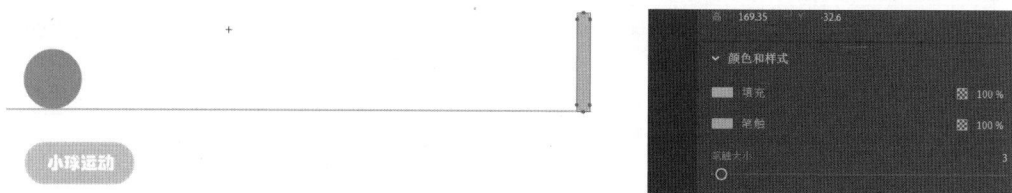

图4-13　制作挡板

二、制作小球动画

1.创建影片剪辑

在菜单栏中选择【插入】中的【新建元件】（Ctrl+F8），在【创建新元件】的面板中【名称】设置为【小球动画】，【类型】设置为【影片剪辑】，如图4-14所示，选择【确定】。【小球动画】影片剪辑会自动保存在【库】中，需要时将库中的元件拖拽到舞台当中即可。

2.影片剪辑中添加元件

双击【库】中的【小球运动】影片剪辑，进入【小球运动】影片剪辑编辑模式，将时间轴图层命名为"小球"，选择【库】中的【小球】图形元件拖拽到舞台中，位置为X：-366.5，Y：33.25，如图4-15所示。

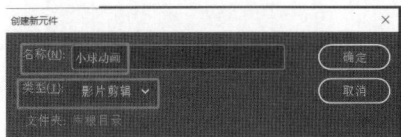

图4-14　创建影片剪辑元件

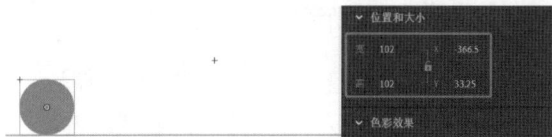

图4-15　影片剪辑中添加元件

3.换场景粘贴复制图层

选择【添加图层】⊞，将图层命名为"地面"。双击空白处，退出到【场景1】 场景1 。选择【地面】图层时间轴上的所有帧—选择【第一帧+Shift+最后一帧】—右键选择【复制帧】，选择【库】中的【小球运动】影片剪辑，在【地面】图层时间轴上单击右键【粘贴帧】，这样地面图层就可以从【场景1】复制到【小球运动】的影片剪辑元件。最后退出到【场景1】，选择【地面】图层，右键删除图层。

同样的操作，将【挡板】粘贴复制到【小球运动】影片剪辑元件中，如图4-16所示。

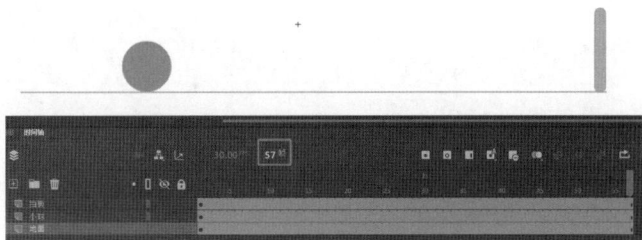

图4-16　换场景粘贴复制图层

4.设置小球起始关键帧

将时间轴光标放在第1帧位置，如图4-17所示，调整小球的位置，选择【地面】图层和【挡板】图层中的【锁定】🔒，如图4-18所示，避免在调动画时误选到这两个图层。打开【绘图纸外观】 按钮，将时间轴的光标放在第21帧，选择【插入关键帧】 按钮或按快捷

图4-17　第1帧

图4-18　锁定地面和挡板图层

键F6，选择小球移动到位置【X：196.1，Y：36.45】，如图4-19所示。然后将时间轴光标放在第32帧，按下F6插入关键帧，将小球移动到位置【X：338.7，Y：55.25】，如图4-20所示。将时间轴光标放在第36帧，按下F6插入关键帧，将小球移动到位置【X：516.4，Y：37.3】，如图4-21所示；再将时间轴光标放在第53帧，按下F6插入关键帧，将小球移动到位置【X：283.05，Y：30.9】，如图4-22所示。最后将时间轴放在第57帧，按下F5复制关键帧。

图4-19　第21帧

图4-20　第32帧

图4-21　第36帧

图4-22　第53帧

【思考】：为什么要插入关键帧？

在动画中，每一张图片被称为一帧，连续的帧会形成动画，并会塑造出不同的运动效果，因此帧是构成动画的最小单位，它在动画中的角色就像细胞在身体中的角色一样基础且重要。在很多时候，我们不需要将每一帧都绘制出来，只需绘制关键的帧（转折点），这些关键帧相当于为小细胞设置拐点，指导小细胞按照拐点发生转折和变化。

【知识链接】：设置动画起始关键帧

动画关键帧用于确定小球在动画中的关键位置。在做动画时，先确定了起始关键帧，就相当于确定了在某个距离内小球起始和停止的时间点，从而控制了小球运动的整体时间节奏。一般在做动画时会规定某个镜头的时间，例如2秒。那这个镜头的动作表演时间为2×24帧，即48帧。为了保证48帧内的动作有较好的节奏，需要将48帧分割成不同的起始和停止的段落。

5.设置小球轨迹关键帧

到目前为止，小球还只是进行直线运动，没有进行空中的跳跃。小球跳跃时是有运动轨迹的，即有最高点和最低点，只要确定了最高点和最低点，就能较为准确地描绘出小球的运动轨迹。因此，接下来将确定小球运动轨迹的关键帧。打开【绘图纸外观】，将时间轴光标放在第13帧，按下F6插入关键帧，选择小球并将其移动到位置【X：-42.1，

Y：−203.35】，如图4-23所示。将时间轴光标放在第23帧，按下F6插入关键帧，将小球移动到位置【X：194.5，Y：78.75】。由于小球落到地面时具有惯性，会使小球发生向下的压缩变形。因此，这里将小球进行自由变换，选择【任意自由选择】（Q）将中心小圆点放在地面上，向下压缩小球，如图4-24所示。将时间轴光标放在第28帧，按下F6插入关键帧，将小球移动到位置【X：254.05，Y：−81】，如图4-25所示。将时间轴光标放在第32帧，将小球压缩变形，如图4-26所示。将时间轴光标放在第34帧，按下F6插入关键帧，将小球移动到位置【X：396.4，Y：−7.7】，如图4-27所示。将时间轴光标放在第38帧，按下F6插入关键帧。此时由于小球碰到了挡板发生了挤压变形，选择【任意自由选择】（Q）将中心小圆点放在小球与挡板接触的点上，将小球压缩变形，如图4-28所示。将时间轴放在第44帧，此时小球沿着地面滚动，将小球恢复原状移动到位置【X：390.2，Y：34.05】，如图4-29所示。

图4-23　第13帧

图4-24　第23帧

图4-25　第28帧

图4-26　第32帧

图4-27　第34帧

图4-28　第38帧

图4-29　第44帧

6.插入中间帧

为了保证动画运动更加流畅，我们要在关键帧中进行中割，加入中间帧。在已有关键帧确定的情况下，我们在每两个相邻关键帧之间插入一个新的关键帧，并在这些新插入的关键帧对应的场景位置添加小圆球。一般在临近起始帧和终止帧的位置会插入较多的中间帧，表现速度节奏由慢到快再到慢，使小球的运动更加自然，如图4-30所示。

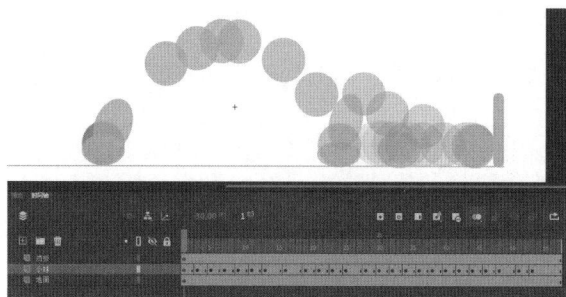

图4-30　插入中间帧

【知识链接】：小球的压缩和拉伸

如果想让小球运动的更加有趣，可以在接触和弹跳时对小球进行压缩或拉伸的夸张变形，使小球更富有表现力。

三、制作按钮和动画演示

（一）制作按钮

1.创建按钮

在菜单栏的【插入】菜单中选择【新建元件】（Ctrl+F8），在【创建新元件】的面板中【名称】设置为"小球运动按钮"，【类型】设置为【按钮】，选择【确定】。【小球运动按钮】会自动保存在【库】中，需要时只需要将库中的元件拖拽到舞台当中即可，如图4-31所示。

图4-31　创建小球运动按钮

2.制作按钮

在【库】中双击【小球运动按钮】元件，进入按钮编辑场景，时间轴上会出现"弹起""指针经过""按下"和"点击"四个类型。首先将时间轴图层重命名为"按钮"，将时间轴滑块放在第1帧的位置。

选择工具栏中的【基本矩形工具】，在【属性】面板中将【笔触颜色】设置为#33CCCC，【填充颜色】设置为#3399CC，宽191.15，高70.5，在场景中绘制圆角矩形。

将时间轴滑块放到"按下"帧位置，按F6插入关键帧，选择基本椭圆工具，在【属性】面板中将【填充】颜色设置为#FF6600，在第四帧按F5复制关键帧，如图4-32所示。

在图层中，选择【添加图层】按钮，增加【文字】图层。在工具栏中选择【文本工具】，将时间轴滑块移动到第1帧，在按钮上添加【小球运动】文字，在【属性】面板中将字体大小设置为30，颜色设置为白色，如图4-32所示。

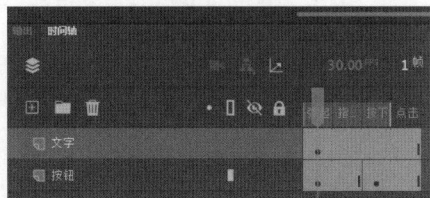

图4-32 制作按钮

（二）场景中演示动画

到目前位置，所有的元件和动画都已经做好，需要将它们【库】中放置在场景舞台合适的位置。

（1）将图层命名为"小球运动"，【新建图层】命名为"按钮"。

（2）选择【小球运动】图层，将【库】里的【小球动画】影片剪辑放在场景舞台的合适位置。

（3）选择【按钮】图层，将【库】里的【小球运动按钮】放在场景舞台的合适位置。

（4）将时间轴光标放在第57帧，按F5复制关键帧，如图4-33所示。

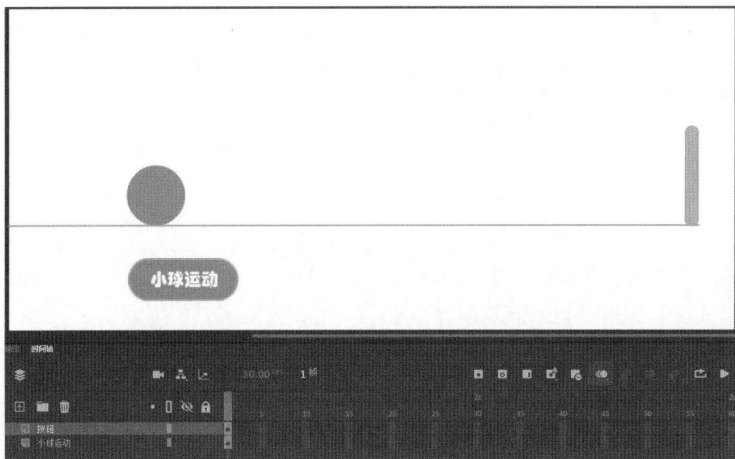

图4-33 场景1中的小球

（5）按菜单栏上【测试影片】按钮播放影片，鼠标按下按钮颜色改变。

【知识链接】：影片剪辑与图形元件的应用区别

图形元件是一个单帧元件。动画的播放需要在时间轴上布置多个帧，并且这些帧能够在舞台上实现实时播放。例如，在【小球动画】影片剪辑中，按回车键（Enter）可以实时观看小球的动画。

但是，影片剪辑是一个可以包含动画内容的独立元件，它在舞台上不能直接实时播放，但可以在测试影片中看到影片剪辑中所包含的完整动画。这是因为影片剪辑拥有自己独立的时间轴和帧数，不受主场景时间轴或帧数的限制。例如，在【场景1】中按回车键，无法观看到动画，但是按【测试影片】按钮又可以观看动画。

另外，影片剪辑的优点是即使场景图层只有1帧，也能完整播放其包含的动画。如图所示，只在【场景1】中保留第1帧，剩下的帧数全部删除，【测试影片】同样可以看到小球运动，如图4-34所示。

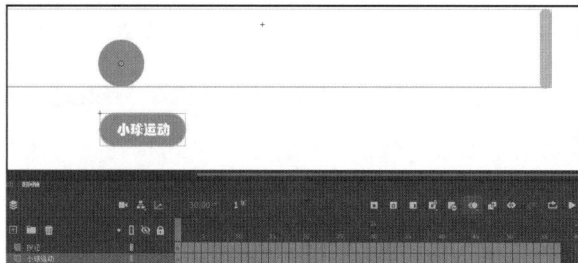

图4-34　小球运动

第三节　制作诗词闪现

【实践目标】：制作诗词闪现效果

【知识目标】：

1.掌握文字工具的创建、类型、属性和使用的方法。（重点）

2.熟练应用分散到图层和分散到帧的应用方法。（难点）

3.掌握变形工具的使用方法。（提升）

【静态对象】：《小池》古诗场景

【运动对象】：《小池》古诗文字

视频教学资料：微课教程\第四章第三节闪现的诗词.MP4

源文件教学资料：第四章第三节闪现的诗词.FLA

本案例最终效果如图4-35所示。

图 4-35　诗词闪现动画效果

一、图片的导入和调整

（一）导入图片

双击软件图标打开软件，在菜单栏中选择【文件】—【新建文件】（Ctrl+N），在弹出的新建文件对话框中设置【高清】模式，长 1280，宽 720，FPS 30，ActionScript 3.0—【创建】—【文件】—【导入图片】，或者将图片直接拖入舞台，图片会自动出现在【库】中，选择【导入图片】后会有四个类型的选项：导入到舞台、导入到库、打开外部库和导入视频，本案例选择【导入到库】。

如果发现图片变得很模糊。在【库】中选择图片，单击右键—选择【属性】—勾选【允许平滑】—压缩选择【无损压缩】，这样可以保证图片的质量，如图 4-36 所示。

将时间轴的图层命名为"场景"。

图 4-36　位图属性

（二）调整图片位置

在【库】里将《小池》古诗场景图片拖拽到【场景1】中，选择【对齐】■■■属性面板，勾选【与舞台对齐】，点选【水平对齐】■和【垂直中齐】■，使画面居中覆盖舞台，如图4-37所示。

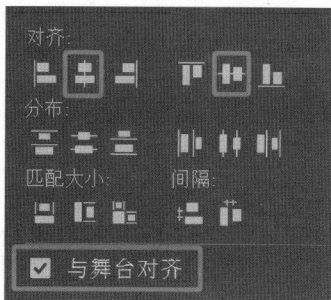

图4-37　对齐属性

二、静态文字制作

（一）制作文字底衬

在时间轴图层上，点击【新建图层】⊞，双击图层名称重命名为"文字底衬"。在工具栏中选择【矩形工具（R）】，在【属性】面板中将【笔触】设置为无，【填充】设置为白色，透明度改为41%，【位置和大小】设置为宽454，高517.15，X为742，Y为61.5，如图4-38所示。

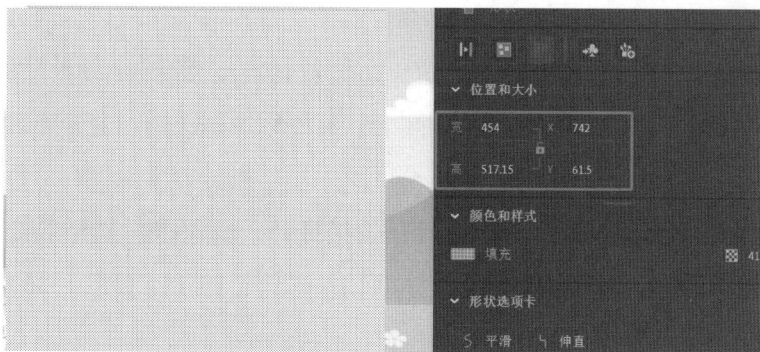

图4-38　文字底衬

（二）制作文字

选择【场景】和【文字底衬】图层，点选【锁定】🔒。选择工具栏中的【文字】🅣工具，在舞台中创建文字【小池】，在【属性】中调整字体大小为82pt，字体【填充颜色】为#FF6600，字体为华文琥珀，选择【静态文本】类型，段落为居中，添加【滤镜】中的【投影】，品质设置为高，如图4-39和图4-40所示。

同理，创建古诗正文："泉眼无声惜细流，树阴照水爱晴柔。小荷才露尖尖角，早有蜻蜓立上头。"在【属性】面板中，选择静态文本，字体大小为45pt，颜色填充为白色，段落为居中，行间距为17，滤镜添加投影，品质为高，如图4-41所示。

图4-39　文字属性

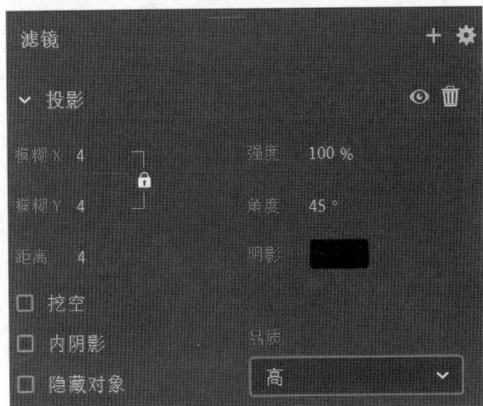

图4-40　文本投影

图4-41　古诗正文属性

【知识链接】：字体呈现方法

Animate CC 2023字体呈现方法有以下五种，如图4-42所示。

（1）使用设备字体：用于生成一个较小的MP4文本。

（2）位图文本（无消除锯齿）：用于生成明显的文本边缘，没有消除锯齿。

（3）动画消除锯齿：用于生成可顺畅进行动画播放的消除锯齿文本。生成的MP4文件中因包含字体轮廓，导致文件体积较大。

（4）可读性消除锯齿：此选项使用高级消除锯齿引擎，提供了品质最高、最易读的文本。

（5）自定义消除锯齿：用于直观地查看并调整消除锯齿参数，以生成特定外观。

【知识链接】：文本类型

在Animate CC 2023中存在3种不同类型的文本字段：静态文本、动态文本和输入文本，如图4-43所示。

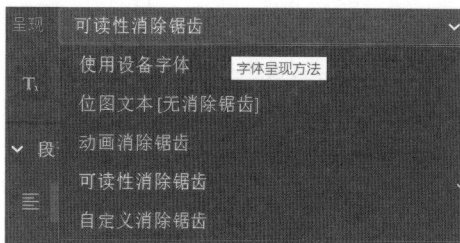

图4-42　字体呈现方法

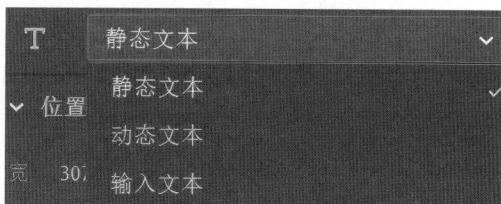

图4-43　文本类型

（1）静态文本。在默认情况下，使用【文本工具】创建的文本框为静态文本，静态文本框中的文本在影片播放过程中不会改变。

（2）动态文本。动态文本框中的内容可以在影片制作过程中输入，也可以在影片播放过程中设置动态变化，通常使用ActionScript对动态文本框中的文本进行控制，增强影片的灵活性。创建时，同样选择【文本工具】，只需要将【属性】面板中的文本类型改为【动态文本】即可。

（3）输入文本。可以在影片播放过程中即时输入文本，一些用Animate CC 2023制作的留言簿和邮件收发程序使用的是输入文本。

三、动态文字制作

（一）制作文字动画

1.文字分离

在场景中，使用【选择工具】，选择【小池】，此时这两个字被蓝色框包围，如图4-44所示，说明是一个组，并非元件。

选择【小池】文字后，按【打散】（Ctrl+B）组合键，字体被分为【小】和【池】两个组，如图4-45所示。也可以在菜单栏中选择【修改】—【分离】选项。另外还可以在右键菜单中选择【分离】命令。

图4-44　选择文本

图4-45　文本分离效果

选择【小】字，按右键—【转换为元件】，在【转换为元件】的对话框中【名称】设置为【小】，【元件类型】设置为【图形】。同理，将【池】字转换为元件。然后，同时选择被转换后的【小】【池】元件，按鼠标右键，选择【分散到图层】命令，如图4-46所示。此时，被分割开的【小】【池】两个元件自动生成了图层，如图4-47所示。

图4-46　选择【分散到图层】命令

图4-47　文字分离后的图层

【知识链接】：分散到帧

文字除了分散到图层，还可以分散到帧，即将文字分散到同一图层的连续帧上。选择需要分散的文字，右键【分布到关键帧】（Ctrl+Shift+K），如图4-48和图4-49所示。

图4-48　【分布到关键帧】菜单

图4-49　【分布到关键帧】效果

2.删除关键帧

在时间轴上将光标放在第30帧，按F5复制帧。再选择【小池文字】、【池】、【小】三个图层第10帧，按F6插入关键帧。选择【小池文字】第1帧，按Shift键的同时选择第9帧，删除【小池文字】第1帧到第9帧的关键帧。此时，后边的帧补到了第1帧，同样选择第1帧，按Shift键的同时选择最后一帧，拖到第10帧，如图4-50所示。

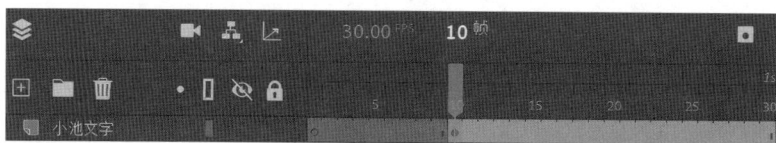

图4-50　删除关键帧

3.复制关键帧

选择【池】字图层第10帧，在工具栏中选择【任意自由变换工具】（Q）将中心小圆点放在下框中心位置。在选择第10帧，按Alt键同时拖动第10帧到第1帧，此时完成第10帧到第1帧的复制。

再选择第1帧，按Q键进行任意变形，将鼠标放在变形框的上边框，鼠标变成平行箭头时，向左移动鼠标，使字体倾斜，如图4-51所示。同理，完成【小】字的变化。

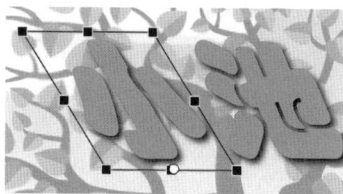

图4-51　复制关键帧及字体变形

【知识链接】：字体倾斜

字体倾斜也可以使用【变形】属性面板中的【倾斜】功能。如图4-52所示，选择【倾斜】调整后边的参数数值即可。

图4-52　变形属性面板

4.改变字体颜色和透明度

选择【池】字第1帧，打开【属性】面板，将【色彩效果】中的【色调】设置为#66FFFF，【Alpha】设置为10%，如图4-53所示。在时间轴上第1帧和第10帧之间的任意一帧，按右键，选择【创建传统补间动画】，如图4-54所示。同理，为【小】字创建动画。

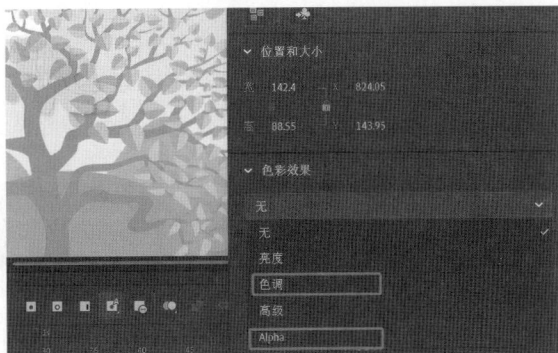

图4-53　字体效果改变

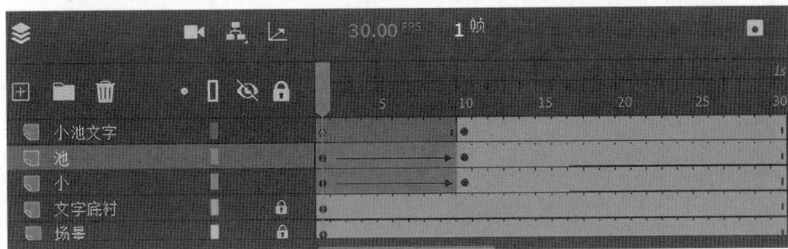

图4-54　创建传统补间动画

（二）影片测试

选择菜单栏上的【测试影片】按钮，最终完成诗词闪现动画，如图4-55所示。

图4-55　诗词闪现动画影片测试

本章小结

本章主要讲解了Animate CC 2023中【元件】和【库】，了解【元件】的概念、类型、特点以及区别。了解【库】的概念、功能、结构，以及【元件】与【库】的关系。掌握【元件】和【库】的创建和使用方法。拓展了【元件】在简单动画中的应用方法，区分了影片剪辑元件和图形元件的不同。进一步讲解了【按钮】元件的创建和播放效果。

此外，本章还讲解了素材图片的导入，以及文字的创建、呈现方式和文本类型等知识。应用了文字分散到图层和分散到帧的功能，并介绍了【属性】中【色彩范围】的【色调】和【Alpha】调节，以及【滤镜】中添加【投影】的功能。

习题与训练

（1）请使用案例中制作小球动画的方法，制作一个【皮球】的动画。

（2）请使用案例中制作诗词闪现的方法，导入图片添加一首诗词。

思维拓展

为什么在影片剪辑的编辑模式中按回车键（Enter）可以看到动画的实时播放，但是在【场景1】中看不到动画？怎样才能看到？

项目实训

请按照本案例的方法围绕创作一个袜子品牌动画，如图4-56所示。

源文件教学资料：项目实训\第四章【项目实训】袜子品牌动画.FLA

图4-56　袜子品牌动画

第五章

Animate CC 2023简单动画的制作

　　本章将详细介绍如何综合运用元件、库和工具栏中的基本工具，结合补间动画、逐帧动画、引导层动画、遮罩动画制作简单的旋转动画、生长动画、飞翔动画和跳跃动画。

能力目标

1.掌握补间动画的种类和转换方法
2.掌握引导层动画的创建和使用方法
3.掌握遮罩层动画的创建和使用方法

知识目标

1.了解补间动画、传统补间动画和逐帧动画的特点与区别
2.了解引导层的概念、功能和创建时的注意事项
3.掌握遮罩动画概念、功能和特点

情感目标

1.引导学生仔细观察自然现象和生活动态，运用所学知识和原理制作自然动画和机械动画
2.引导学生学会从观察生活，增强主动学习的动力。同时，激发学生的创新思维和问题解决能力，培养学生的团队合作精神和审美情趣

第一节　补间动画

一、太阳光芒动画——形状补间动画

【项目实践目标】：制作太阳光芒动画

【准备静态对象】：小池场景，太阳，太阳光晕

【制作运动对象】：太阳光芒

【知识点】：

1. 形状补间动画的应用和注意事项。

2. 颜色的径向渐变和透明度的使用。

视频教学资料：微课教程\第五章第一节太阳光芒动画.MP4

源文件教学资料：第五章第一节太阳光芒动画.FLA

本案例最终效果如图5-1所示。

图5-1　太阳光芒动画效果图

（一）导入图片

双击软件图标打开软件，在菜单栏中选择【文件】—【新建文件】（Ctrl+N），在弹出的新建文件对话框中设置【高清】模式，长1280，宽720，FPS 30，ActionScript 3.0—【创建】—【文件】—【导入图片】或将【小池场景】图片直接拖入舞台，图片会自动出现在【库】中，选择【导入图片】后会有四个类型的选项：导入到舞台、导入到库、打开外部库和导入视频，本案例选择【导入到库】。

如果发现图片变得很模糊。在【库】中选择图片，单击右键—选择【属性】—勾选

【允许平滑】—压缩选择【无损压缩】，这样可以保证图片的质量，如图 5-2 所示。

将时间轴的图层命名为【场景】。

图5-2　位图属性

（二）调整图片位置

在【库】里将【小池场景】图片拖拽到【场景 1】中，选择【对齐】 ![对齐] 属性面板，勾选【与舞台对齐】，点选【水平对齐】 ![水平对齐] 和【垂直中齐】 ![垂直中齐]，使画面居中覆盖舞台，如图 5-3 所示。

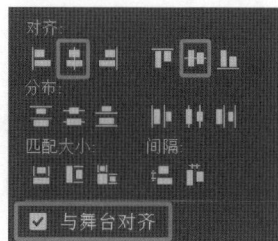

图5-3　对齐属性

（三）创建太阳元件和形状

1.整理图层

在时间轴图层上，点击【新建图层】 ![新建图层]，双击图层名称重命名为"太阳动画"。

2.创建太阳图形元件

在菜单栏中选择【插入】—【新建元件】（Ctrl+F8）—弹出【创建新元件】，名称设置为"太阳"，类型设置为【图形】元件。

3.制作太阳

在工具栏中选择【椭圆工具】（O） ![椭圆工具]，在【太阳】图形元件编辑模式下，按 Shift 键的同时绘制正圆，在【属性】面板中设置【填充颜色】为#FFCC33。选择右侧【对齐】面板，勾选【与舞台对齐】，点选【水平对齐】和【垂直中齐】，使中心小十字位于圆形中心，如图 5-4 所示。最后按【Ctrl+G】打组。

图5-4　调整太阳元件内的位置

4.绘制太阳光芒

在没有任何选择的情况下，按【打组】（Ctrl+G），在工具栏中选择【矩形工具】（R），在太阳上方绘制矩形，在【属性】面板中设置【填充颜色】为#FFCC33，【选择】（V）—修改形状—【任意自由变换】（Q）修改大小，如图5-5所示。

图5-5　绘制太阳光芒

> 【知识链接】：修改形状
>
> 按【选择】键箭头放在矩形四角的任意一个角，箭头会增加一个直角符号 🔲，这时可以对直角位置进行移动修改。当箭头放在边上时，箭头会增加一个弧线 🔲，这时可以对边进行弯曲变形修改。

5.太阳光芒转为图形元件

选择已经做好的【太阳光芒】—右键—【转换为元件】—类型选择为图形，命名为"太阳光芒"，如图5-6所示。

图5-6　太阳光芒转换为元件

> 【知识链接】：创建形状补间动画前的注意事项
>
> 由于形状补间是需要在形状也就是打散的情况下制作动画，【组】不能制作动画。而太阳光芒需要围绕太阳一周，每个光芒都要运动。如果每个光芒都做形状补间动画，比较麻烦且浪费时间。为了节约时间和成本，可以只做一个光芒的形状补间然后将其转换为元件，再将元件进行复制，那么所有的光芒都可以进行同步动画。

（四）创建形状补间动画

双击进入【太阳光芒】图形元件的编辑模式，按【Ctrl+B】将光芒打散。在时间轴上选择所在图层的第1帧，并将【任意自由变换】（Q）的中心小圆点移动到下边框的中心点。在第7帧时按F6插入关键帧—选择第1帧，按【任意自由变换】（Q）向下压缩光芒—选择第1帧到第7帧之间的任意一帧，右键选择【创建补间形状】—选择第8帧，按F6插入关键帧—再选择第1帧，同时按Alt键将第1帧拖动到第15帧完成第1帧到第15帧的复制。

注意，第15帧显示是黄色的，表示第15帧是有形状补间的。此时，选择第15帧右键【删除形状补间】，这帧的颜色恢复为灰色正常帧。

选择第8帧到第15帧中的任意一帧，右键—【创建补间形状】，完成一个光芒的形状补间动画制作，如图5-7所示。

图5-7　创建形状补间

【知识链接】：形状补间动画

形状补间动画是在某一帧中绘制对象，然后在另一帧中修改该对象或重新绘制一个新的对象。由Animate软件会计算两个帧之间的差异并自动插入变形帧，使得在连续播放时呈现出形状补间的动画效果。

形状补间不仅会改变外形，还可以改变颜色、大小、位置、旋转、颜色和透明度。例如，从正方形转变为星星的过程中，会自动生成一系列中间形态的图形。如果正方形的颜色为红色，星星的颜色为黄色，那么在这两者之间的过渡区域，颜色也会逐渐从红色变为黄色，如图5-8所示。线条和形状的这些变化，既可以使用形状补间动画实现，也可以使用运动补间动画实现。

图5-8　形状补间动画特点

1.删除形状补间动画

在形状补间动画的任意一帧上，单击鼠标右键，在弹出的快捷菜单中选择【删除形状补间动画】命令删除补间动画，如图5-9所示。

2.形状提示

形状提示可以对形状补间动画的补间过程进行控制，形状提示是成对出现的。为形状补间动画添加形状提示后，两个关键帧上会有对应的形状提示。对应的形状提示确定了补间动画开始和结束时形状的位置，根据两个形状提示的位置自动生成形状补间动画。

在创建了形状补间之后，选择第1帧，在菜单栏中选择【修改】—【形状】—【添加形状提示】（Ctrl+Shift+H）命令，添加所需要的形状提示。将形状提示a、b分别拖到指定位置，在形状提示从红色变为黄色或绿色时表示生效，如图5-10所示。

创建传统补间	
创建补间动画	
删除形状补间动画	
转换为逐帧动画	>
插入帧	F5
删除帧	Shift+F5
插入关键帧	
插入空白关键帧	
清除关键帧	Shift+F6
转换为关键帧	F6
转换为空白关键帧	F7
剪切帧	Ctrl+Alt+X
复制帧	Ctrl+Alt+C
粘贴帧	Ctrl+Alt+V
粘贴并覆盖帧	
清除帧	Alt+回格键
选择所有帧	Ctrl+Alt+A
复制动画	
粘贴动画	
选择性粘贴动画...	
翻转帧	
同步元件	
拆分音频	
在库中显示	
动作	F9

图5-9　删除形状补间动画

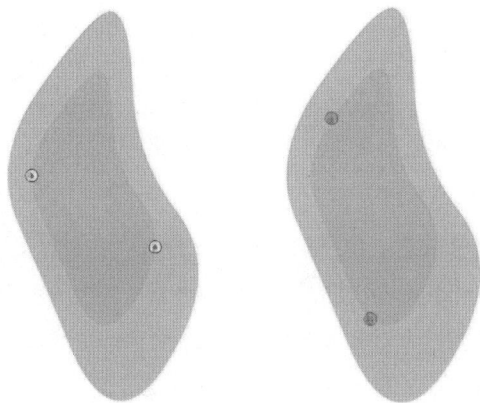

图5-10　添加形状提示

显示和隐藏形状提示的快捷键是Ctrl+Alt+I。

3.删除形状提示

在形状补间动画的第1个关键帧的形状提示上，单击鼠标右键，在弹出的菜单栏中选择【删除提示】命令可以删除单个形状提示，选择【删除所有提示】命令可以将该形状补间动画的所有形状提示删除。

（五）复制旋转光芒

双击退出【太阳光芒】，查看属性，此时的【太阳光芒】为图形元件。而且，图形元件中包含有形状补间动画。

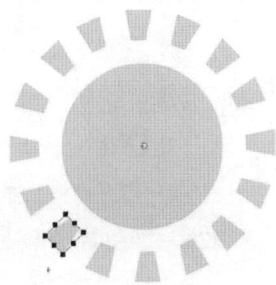

图5-11　复制旋转光芒

选择工具栏中的【任意自由变换】（Q），将中心小圆点移到【太阳中心圆】的中心，【复制】（Ctrl+C）—【原位粘贴】（Ctrl+Shift+V）—旋转30°光芒，重复动作直到所有光芒围绕太阳一圈，如图5-11所示。

【知识链接】：图形元件中的形状补间动画

影片剪辑同样也可以包含动画，且时间轴上只要有1帧就可以在测试影片时观看到动画。但是与影片剪辑不同，图形元件此时虽然也包含了形状补间动画，但是时间轴上如果只有1帧，即使是在测试影片时也无法看到动画。这是因为图形元件的播放是基于时间轴的帧数进行播放的。为了能够使形状补间动画正常播放，图形元件所在的时间轴帧只能大于或等于形状补间动画的帧数。

例如，【太阳光芒】图形元件内包含了15帧的形状补间动画，那么【太阳光芒】所在图层必须要大于或等于15帧才能播放完成内部的补间动画。

（六）调整光芒的播放起始帧

上一个步骤虽然完成了每个光芒的运动，但是所有的光芒运动一致，看起来非常僵硬，为了使光芒运动更加自然，可以通过改变每个光芒的运动起始帧，就可以使光芒的运动更加多样。具体操作如下：选择其中的任意一个光芒，打开【属性】面板，找到【循环】选项，选择第一个【循环播放图形】按钮，并将帧选择器的数字改为7。这就可以让所选的【太阳光芒】图形中的动画从第7帧开始播放，如图5-12所示。

同样的操作，选择另外一个【太阳光芒】图形元件，并将帧选择器的数字改为3。这就可以让所选的【太阳光芒】图形中的动画从第3帧开始播放。依次循环操作，修改所有光芒的播放起始帧。

图5-12　调整图形循环播放属性

【知识链接】：图形元件的循环属性

图形元件的循环属性有5个功能：

（1）🔁循环播放图形：用于循环播放关键帧，帧选择器可以选择从第几帧开始进行循环播放。

（2）▶️播放一次：用于只播放一次关键帧。

（3）🔳图形播放单个帧：只播放单个帧，相当于在序列帧中用户可以随意选择其中的任意一帧展示。

（4）◀️倒放图形一次：用于序列帧的倒放。

（5）🔁反向循环播放图形：用于重复反向播放图形。

（七）将太阳摆放在场景1

选择【场景1】 场景1 ，在时间轴图层中【新建图层】，重命名为"太阳动画"。将时间轴光标放在第1帧—打开【库】，把【库】中的【太阳】图形元件拖拽到场景中合适的位置，再将时间轴光标放在第15帧，保证与形状动画的帧数一致，这样才能使动画完整播放完。

（八）太阳光晕

在【场景1】中【新建图层】，重命名为【太阳光晕】—【打组】（Ctrl+G）—选择工具栏中的【椭圆工具】（O），在太阳的位置按Shift键的同时绘制正圆，在【颜色】属性面板中选择【径向渐变】，并在如图5-13所示的色条中设置锚点，第一个锚点的颜色为#FFFFF4，Alpha值为4%；第二个锚点的颜色为#FFFFB9，Alpha值为59%；第三个锚点的颜色为#EFF0C8，Alpha值为12%；第四个锚点的颜色为#E4E9C0，Alpha值为9%；第五个锚点的颜色为#A5DDEF，Alpha值为0%。

（九）影片测试

重新回到【场景1】中，按【Ctrl+Enter】，测试影片，如图5-14所示。

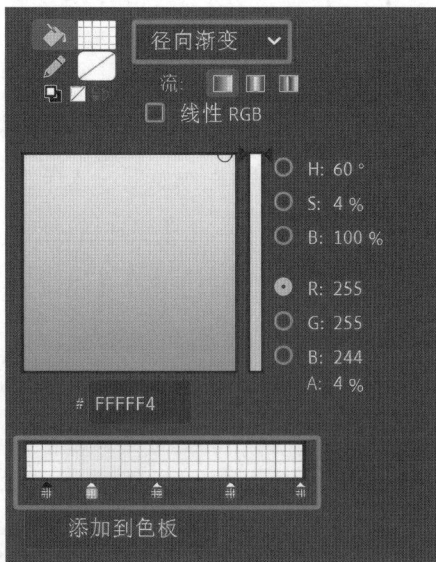

图5-13　径向渐变

图5-14　太阳光芒动画影片测试

二、荷花绽放——传统补间动画

【实践目标】：荷花绽放

【准备静态对象】：小池荷花绽放场景

【制作运动对象】：荷花

【知识点】：

1.传统补间动画的应用和注意事项。

2.自由选择工具的中心点应用。

3.动作停止代码设置。

视频教学资料：微课教程\第五章第一节荷花绽放.MP4

源文件教学资料：第五章第一节荷花绽放.FLA

本案例最终效果如图5-15所示。

图5-15　荷花绽放动画效果图

（一）导入图片

导入【小池荷花绽放场景】图片。双击软件图标打开软件，在菜单栏中选择【文件】—【新建文件】（Ctrl+N），在弹出的新建文件对话框中设置【高清】模式，长1280，宽720，FPS 30，ActionScript 3.0—【创建】—【文件】—【导入图片】，或者将【小池荷花绽放场景】图片直接拖入舞台，图片会自动出现在【库】中，选择【导入图片】后会有四个类型的选项：导入到舞台、导入到库、打开外部库和导入视频，本案例选择【导入到库】。

如果发现图片变得很模糊。在【库】中选择图片，单击右键—【属性】—勾选【允许平滑】—压缩选择【无损压缩】，这样可以保证图片的质量，如图5-16所示。

将时间轴的图层命名为"场景"。

图5-16　位图属性

（二）调整图片位置

调整背景图片的舞台位置。在【库】里将【小池场景】图片拖拽到【场景1】中，选择【对齐】 属性面板，勾选【与舞台对齐】，点选【水平对齐】和【垂直中齐】，使画面居中覆盖舞台，如图5-17所示。

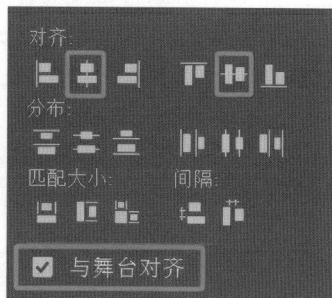

图5-17　对齐属性

（三）制作荷花花茎

在菜单栏中选择【插入】—【新建元件】（Ctrl+F8），在【创建新元件】的面板中名称设置为"荷花绽放"，元件类型设置为【影片剪辑】，单击【确认】。

绘制花茎。选择工具栏中的【矩形工具】（R），绘制荷花花茎，将【属性】面板中【填充颜色】和【笔触颜色】设置为#336666，大小设置为13.2，202.4，双击选择荷花花茎—右键—【转换为元件】，在【转换为元件】的面板中将名称设置为【荷花花茎】—元件类型设置为【图形】，如图5-18所示。

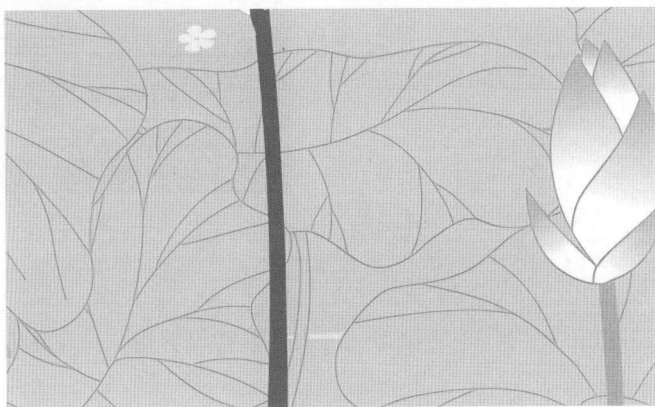

图5-18　荷花花茎

（四）制作荷花花瓣

绘制一片荷花花瓣。双击【荷花绽放】影片剪辑元件，选择工具栏中的【直线工具】（N），在舞台上绘制直线，在【属性】面板中设置【笔触颜色】为#CC3300，选择【选择】工具，将鼠标放在直线上，当鼠标变为 图标时，拖动直线成为弧线，调整花瓣边缘形状。

同理，再选择【直线工具】调整另外一条弧线，绘制花瓣轮廓，如图5-19所示。

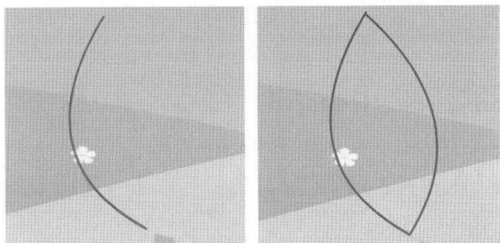

图5-19　花瓣轮廓

选择工具栏中的【油漆桶】（K），在【颜色】属性面板中设置【线性渐变】，将渐变色彩条左边颜色设置为#F66E99，最右边颜色设置为#FFFFFF，透明度Alpha值为100%，如图5-20所示。

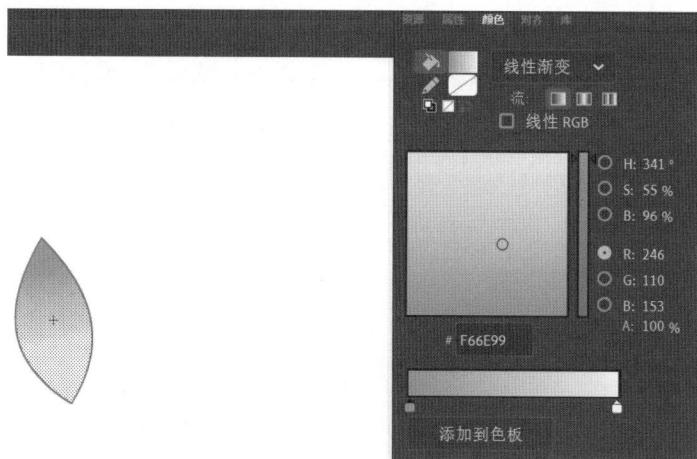

图5-20　花瓣填充

双击选择荷花花瓣—右键—【转换为元件】—名称设置为"荷花花瓣"，类型设置为【图形】，如图5-21所示。

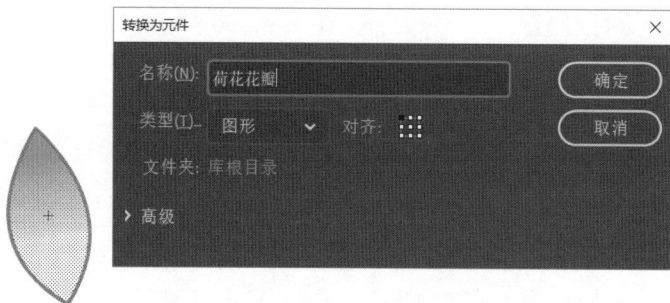

图5-21　花瓣转换为图形元件

（五）调整荷花花瓣旋转中心

调整花瓣旋转中心位置。在工具栏中选择【任意自由变换工具】（Q），将变换中心远点移动到花边的底部，如图5-22所示。

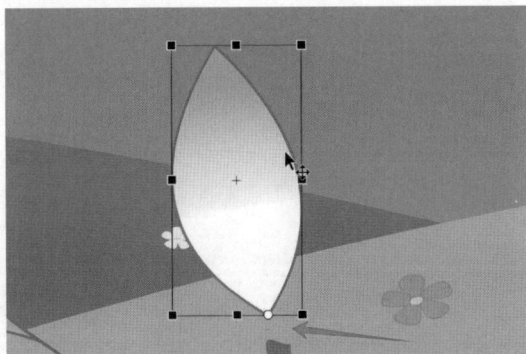

图5-22　调整花瓣旋转中心位置

（六）原位粘贴复制和调整荷花花瓣

制作盛开的荷花。选择花瓣，按【Ctrl+C】组合键复制—按【Ctrl+Shift+V】组合键粘贴到原位—选择工具栏中的【任意自由变换工具】（Q），将复制的花瓣旋转30°。同样的操作复制旋转花瓣，如图5-23所示。

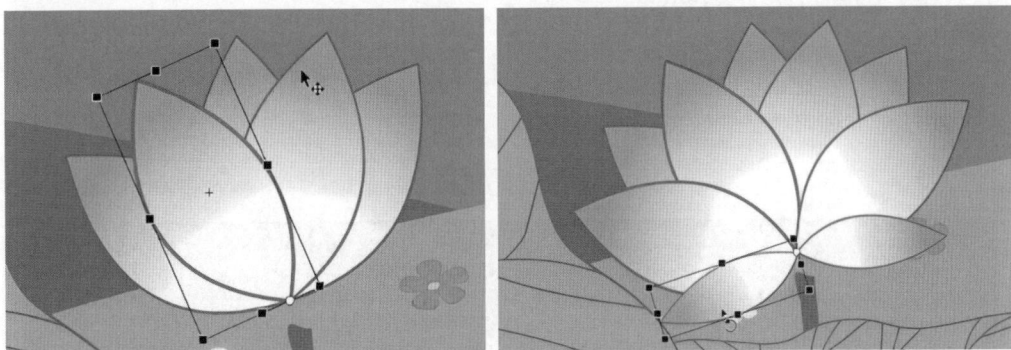

图5-23　制作盛开的荷花

（七）将所有花瓣分散到图层

选择所有花瓣，右键—【分散到图层】。此时，所有的花瓣被自动分配到每个图层上，如图5-24所示，方便为每个花瓣制作动画。

（八）创建第一帧花骨朵

制作花骨朵。在时间轴上将时间轴光标放在第20帧，按【F6】插入关键帧。再选中第1帧，选择最里边的花瓣，按【Q】键旋转并缩小到中心位置，其他的花瓣也依次旋转缩小到如图5-25所示的位置。

图5-24　分散到图层

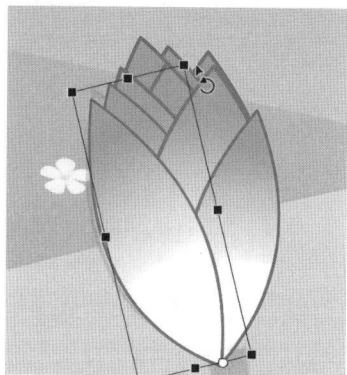

图5-25　制作花骨朵

（九）创建传统补间动画

选择所有图层，在第1帧到第20帧中的任意一帧上，右键—【创建传统补间】，如图5-26所示，即可生成传统补间动画。

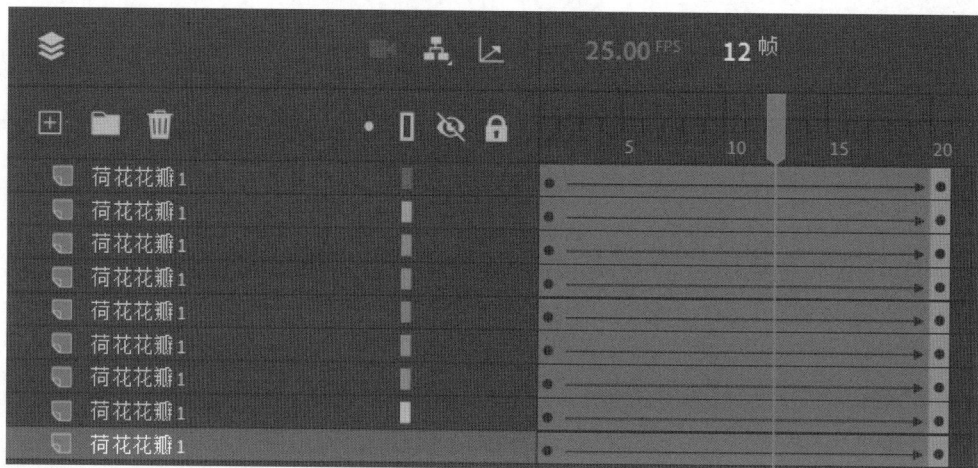

图5-26　创建传统补间动画

注意，第1帧和第20帧的旋转中心不能改变，位移不能发生改变，否则生成的传统补间动画会发生偏移。

【知识链接】：传统补间的属性

传统补间动画是在元件与元件之间创建，中间部分由软件自动生成，省去了中间动画制作的复杂过程。

利用传统补间方式可以制作出多种类型的动画效果，如位置移动、大小变化、旋转移动、逐渐消失等。

使用传统补间动画，需要具备以下两个前提条件：

（1）起始关键帧和结束关键帧缺一不可。

（2）应用于动作补间的对象必须具有元件或群组的属性。

为时间轴创建补间之后，【属性】面板将会出现对补间属性的设置，如图5-27所示。

缓动：用于有速度变换的动画效果。

效果：设置缓动的类型，主要有6种类型，如图5-28所示。当数值为0以上时，实现由快到慢的运动效果；当数值在0以下时，实现由慢到快的效果，如图5-28所示。

旋转：用于设置对象的旋转方向，包括【自动】、【顺时针】、【逆时针】和【无】，下一个案例将详细讲解此属性的应用。

贴紧：使物体可以附着在引导线上。

同步：用于设置元件动画的同步性。

调整到路径：在路径动画效果中，使对象能够沿着引导线的路径移动。

缩放：用于有大小变换的动画效果。

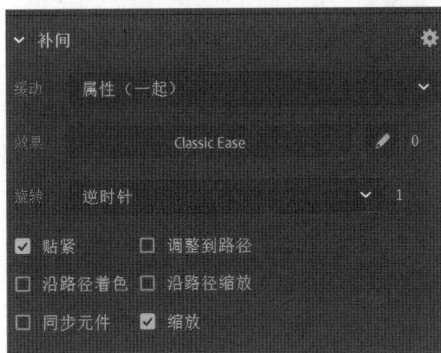

图5-27 补间属性面板

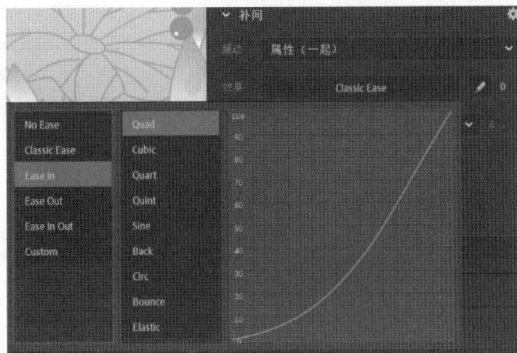

图5-28 补间动画缓动效果

（十）影片测试

重新回到【场景1】中，将【荷花绽放】影片剪辑拖到舞台合适的位置。按【Ctrl+Enter】，测试影片，如图5-29所示。

图5-29　荷花绽放测试动画

【知识链接】：如何让荷花只绽放一次就停止？

在【荷花绽放】影片剪辑中，将时间光标放在第20帧，右键选择菜单中的【动作】选项或按【动作】（F9）打开动作面板，选择【代码片段】，进一步选择ActionScript中的【时间轴导航】—双击选择【在此帧处停止】，如图5-30所示。此时，面板中出现【stop（ ）；】的动作代码，表示时间轴将播放到此处停止，如图5-31所示。

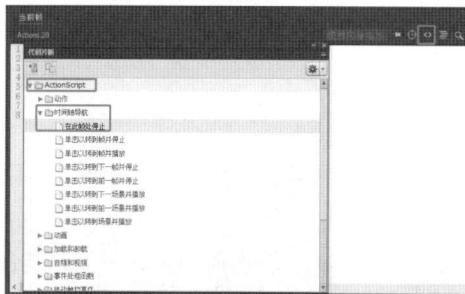

图5-30　动作面板

图5-31　动作代码

三、生长的小花——转化为逐帧动画

【实践目标】：制作生长的小花

【准备静态对象】：草坪场景

【制作运动对象】：生长的小花

【知识点】：

1.形状补间动画及属性的应用。

2.转化为逐帧动画的应用。

3.帧的移动、删除、复制、粘贴等。

源文件教学资料：第五章第一节生长的小花.FLA

本案例的动画效果如图5-32所示。

图5-32　生长的小花动画效果图

（一）导入图片

导入【生长的小花场景】图片。双击软件图标打开软件，在菜单栏中选择【文件】—【新建文件】（Ctrl+N），在弹出的新建文件对话框中设置【高清】模式，长1280，宽720，FPS 30，ActionScript 3.0—【创建】—【文件】—【导入图片】，或者将【小池荷花绽放场景】图片直接拖入舞台，图片会自动出现在【库】中。

如果发现图片变得很模糊。在【库】中选择图片，单击右键—【属性】—勾选【允许平滑】—压缩选择【无损压缩】，这样可以保证图片的质量，如图5-33所示。

将时间轴的图层命名为"场景"。

图5-33　导入图片

（二）调整图片位置

调整背景图片的舞台位置。在【库】里将【小池场景】图片拖拽到【场景1】中，选择【对齐】![对齐图标] 属性面板，勾选【与舞台对齐】，点选【水平对齐】![水平对齐图标]和【垂直中齐】![垂直中齐图标]，使画面居中覆盖舞台，如图5-34所示。

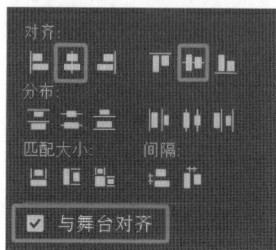

图5-34　对齐属性

（三）新建种子图层

在菜单栏中选择【插入】的【新建元件】（Ctrl+F8）—命名为"种子"并选择【影片剪辑】类型。在工具栏中选择【椭圆工具】（O），在【属性】面板中选择【填充颜色】为#C56329，【笔触颜色】为#663333，绘制椭圆，并用选择工具调整边缘，如图5-35所示。

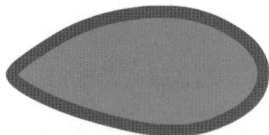

图5-35　新建种子图层

（四）制作小花的茎

在时间轴图层新建一个图层，重命名为"花茎"。在工具栏中选择【矩形工具】（R），在【属性】面板中设置【填充颜色】为#006633，【笔触颜色】设置为无。将时间轴光标放在第1帧，在如图5-36所示位置绘制矩形。

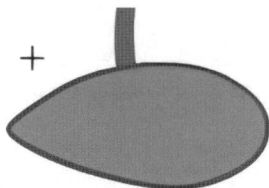

图5-36　制作花茎

在第19帧的位置按F6插入关键帧，选择工具栏中的【任意自由变换工具】（Q），将变换中心放在花茎根部，再将花茎拉长至如图5-37所示的位置。选择第1帧到第19帧中的任意一帧，右键—【创建形状补间】动画。

图5-37　拉长花茎

（五）转化为逐帧动画

选择第 1 帧，按 Shift 键加选到第 19 帧，按右键—【转换为逐帧动画】—【每三帧设为关键帧】。此时，时间轴上的帧数设置为每三帧一个关键帧，如图 5-38 所示。选择第 1帧，选择【选择】键，将花茎向左调弯曲。选择第 4 帧，将花茎向右调弯曲。同理，依次调整其他关键帧，如图 5-39 所示。

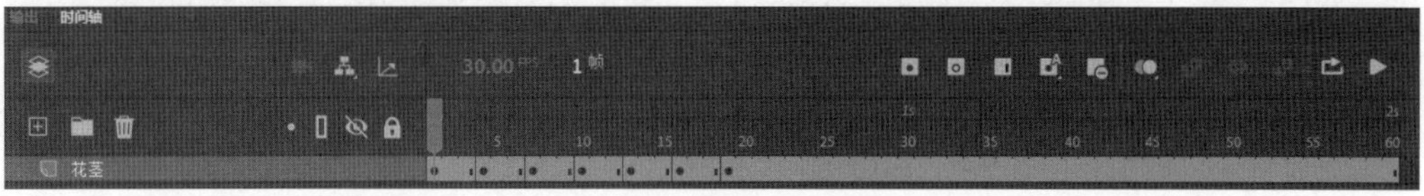

图 5-38 转换为逐帧动画

图 5-39 花茎逐帧动画

（六）制作叶子

新建图层【叶子】，在工具栏中选择【椭圆工具】（O），在【属性】面板中设置【填充颜色】为 #006633，【笔触颜色】设置为无，创建叶子形状，如图 5-40 所示。

双击【叶子】—右键—【转换为元件】—命名为"叶子生长"，类型选为【图形】元件。双击【叶子生长】图形元件进入编辑模式，在时间轴上将光标放在第 10 帧，按【F6】插入关键帧，按【Q】键，将变换中心放在叶子根部，放大，如图 5-41 所示。在第 1 帧到第 10 帧中的任意 1 帧按右键【创建形状补间】动画，如图 5-41 所示。

图 5-40 叶子

双击回到【种子】影片剪辑元件中，选择第1帧叶子，将所有帧拖动到第10帧，并将叶子放在如图5-42所示的位置。

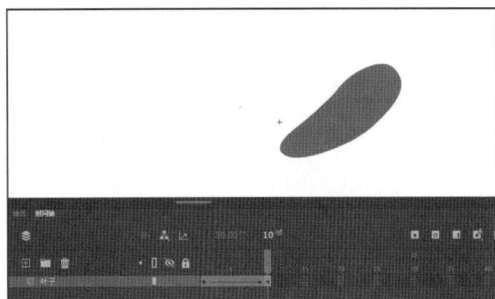

图5-41　叶子生长形状补间动画

图5-42　叶子生长动画

（七）制作花蕊

新建图层命名为"花蕊"。在工具栏中选择【椭圆工具】（O），在时间轴第20帧，按Shift键绘制正圆，在【属性】中将【填充颜色】设置为#FFCC00，大小为28.1。

在第30帧按【F6】插入关键帧，按【Q】键放大设置宽和高均为96.6。在第1帧至第30帧中的任意一帧，按右键【创建形状补间】，如图5-43所示。

图5-43　制作花蕊

（八）制作花瓣

在时间轴图层，按【新建图层】按钮，创建新图层，重命名为"花瓣"。在工具栏中选择【椭圆工具】（O）创建花瓣，在【属性】中【填充颜色】设置为#66CCFF，【笔触颜色】设置为无。

双击选择花瓣—右键—【转换为元件】—名称设置为"花瓣"，元件类型设置为【图形】。

双击进入【花瓣】图形元件编辑模式，在时间轴第1帧调整花瓣的大小为宽6.5，高

11.2，颜色设置为#66CCFF—在第24帧选择工具栏中的【任意变形工具】（Q），修改花瓣的形状大小为宽39.9，高70.15，颜色设置为#E237BE。

选择第1帧到第24帧中的任意1帧—选择右键—【创建补间形状】—选择第1帧，同时按Shift键加选第24帧—选择右键—【转换为逐帧动画】—【每三帧设为关键帧】，如图5-44所示。

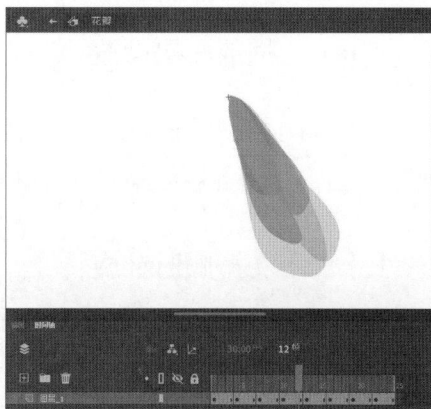

图5-44　制作花瓣

（九）改变花瓣形状

双击进入【花瓣】图形元件的编辑模式，依次选择第4帧、第7帧、第10帧、第13帧、第16帧、第19帧、第22帧，选择【选择】工具，修改花瓣形状，如图5-45所示。

| 第4帧 | 第7帧 | 第10帧 | 第13帧 | 第16帧 | 第19帧 | 第22帧 |

图5-45　改变花瓣形状

（十）旋转复制花瓣

双击进入【种子】影片剪辑元件，新建【花瓣】图层，在第30帧按【F6】插入关键帧。在【库】中选择【花瓣】图形元件放置在如图5-46所示的位置。

按【Q】键，移动旋转中心到花瓣底部，按【Ctrl+C】组合键复制—【Ctrl+Shift+V】组合键原位粘贴，旋转30°。依次复制旋转其他花瓣如图5-46所示。

图5-46　旋转复制花瓣

（十一）播放一次设置

依次选择【花瓣】图形，在【属性】面板中选择【播放图形一次】 ![icon] 按钮，如图5-47所示。这样可以使花瓣只播放一次而不会重复播放动画。

（十二）花瓣顺时针旋转

双击【种子】影片剪辑元件，进入编辑模式，按【新建图层】 ![icon] 按钮新建图层重命名为"花瓣旋转"。

选择【花瓣】图层第59帧，按Alt键的同时鼠标左键拖动第59帧复制到【花瓣旋转】图层第60帧—关闭【花蕊】图层显示按钮 ![icon] —选择【花瓣旋转】图层第60帧—选择所有花瓣图形，打开【属性】面板选择【循环】，设置图形播放单帧，帧数设置为22。

图5-47　设置播放图形一次

选择所有设置好属性的花瓣—单击鼠标【右键】—【转换为元件】—影片剪辑类型。

在第79帧按【F6】插入关键帧，选中所有图层第90帧按【F5】复制关键帧。在【花瓣旋转】图层第60帧与第79帧中的任意一帧，单击鼠标【右键】—【创建传统补间动画】—打开【属性】面板—选择【补间】—将【旋转】设置为【逆时针】，如图5-48所示。

图5-48　花瓣旋转动画

（十三）测试影片

重新回到【场景1】中，按【Ctrl+Enter】测试影片，如图5-49所示。

图5-49　生长的小花影片测试

第二节　引导层动画

一、蜻蜓飞

【项目实践目标】：蜻蜓飞引导层动画

　　在很多动画项目中都会有蝴蝶、蜻蜓、蜜蜂、音符、树叶、足球运动等物体的运动，这些对象的运动为动画增加了丰富的细节动态。因此，了解和学习这些物体的运动原理和制作方法是Animate CC动画的重要内容。

【准备静态素材】：小池场景

【制作运动对象】：蜻蜓翅膀动画，蜻蜓飞到荷花上

【知识点】：

1.了解路径动画的原理。

2.了解引导层的作用。

3.理解引导层与被引导层的关系。（重点）

4.掌握被引动层与引导层关联的方法。

5.掌握普通引导层转换为引导层动画的方法。（难点）

视频教学资料：微课教程\第五章第二节蜻蜓引导层动画.MP4

源文件教学资料：第五章第二节蜻蜓引导层动画.FLA

本案例的最终效果如图5-50所示。

图5-50　蜻蜓飞引导层动画效果图

（一）导入图片

导入【小池场景】图片。双击软件图标打开软件，在菜单栏中选择【文件】—【新建文件】（Ctrl+N），在弹出的新建文件对话框中设置【高清】模式，长1280，宽720，FPS 30，ActionScript 3.0—【创建】—【文件】—【导入图片】，或者将【小池场景】图片直接拖入舞台，图片会自动出现在【库】中。

如果发现图片变得很模糊。在【库】中选择图片，单击右键—【属性】—勾选【允许平滑】—压缩选择【无损压缩】，这样可以保证图片的质量。

将时间轴的图层命名为"场景"，如图5-51所示。

图5-51　导入场景

（二）调整图片位置

调整背景图片的舞台位置。在【库】里将【小池场景】图片拖拽到【场景1】中，选择【对齐】属性面板，勾选【与舞台对齐】，点选【水平对齐】和【垂直中齐】，使画面居中覆盖舞台，如图5-52所示。

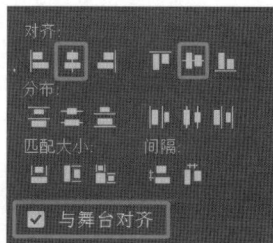

图5-52　对齐属性

（三）导入蜻蜓影片剪辑

在时间轴图层，按【新建图层】[图标]按钮新建图层，命名为"蜻蜓"。然后锁定[图标]【背景】图层，打开已经制作好的【蜻蜓动画】影片剪辑，复制粘贴到【蜻蜓】图层。

选择【蜻蜓动画】影片剪辑，右键—【转换为元件】—命名为"蜻蜓引导层动画"，类型为【影片剪辑】，如图5-53所示。

图5-53　创建影片剪辑

（四）创建引导线

双击【蜻蜓】进入【蜻蜓引导层动画】影片剪辑编辑模式，如图5-54所示。

新建图层重命名为"引导层"，在工具栏中选择【钢笔工具】（P），【笔触颜色】设置为#6611D1，绘制一条曲线，选择【S】![S]平滑曲线，如图5-54所示。

图5-54　创建引导层

选择【蜻蜓】图层，在时间轴上选择第30帧按【F6】插入关键帧，选择【引导层】图层，在时间轴上选择第30帧按【F5】复制关键帧。

选择【蜻蜓】图层中的第1帧，在【属性】面板中的【文档】属性中选择【贴紧至对象】![图标]，如图5-55所示，拖动蜻蜓![图标]，会有被吸附到线上的感觉。

注意，只有蜻蜓被吸附到引导线上，引导层动画才能成功实现。

选择【蜻蜓】图层的第30帧，将蜻蜓元件移动到引导线最后位置，单击鼠标右键—【变形】—【水平翻转】。

选择【蜻蜓】图层的第18帧，将蜻蜓元件移动到引导线中间位置，朝向向左。

图5-55　贴紧至对象

选择【蜻蜓】图层的第19帧，将蜻蜓元件移动到引导线中间位置，朝向向右，如图5-56所示。

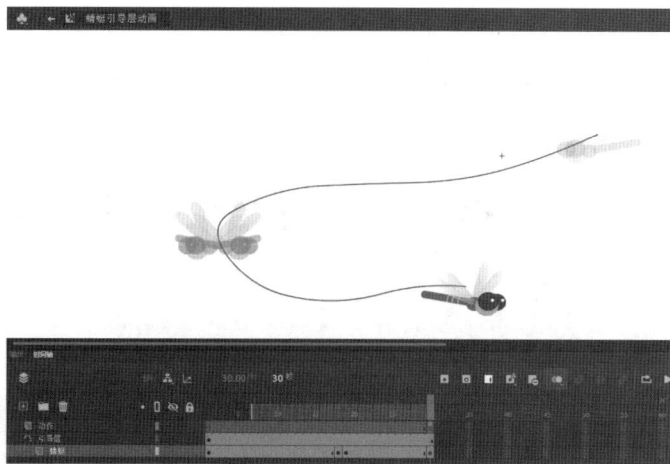

图5-56　蜻蜓关键帧

（五）将普通图层转换为引导层

选择【引导层】图层—单击鼠标右键—【引导层】，此时图层图标变为 ，拖动时间轴，蜻蜓仍然不能沿着引导线运动。

选择【蜻蜓】图层拖动至引导层，此时【引导层】图标变为 。选择【蜻蜓】图层，在第1帧至第18帧中的任意一帧，单击鼠标右键，选择【创建传统补间动画】，在第19帧至第30帧中的任意一帧，单击鼠标右键，选择【创建传统补间动画】，再拖动时间轴，蜻蜓即可沿着引导线运动，如图5-57所示。

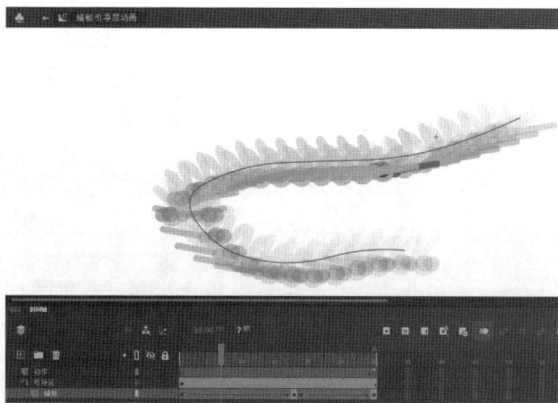

图5-57　蜻蜓沿引导层运动

【知识链接】：引导层

引导层用于制作设定对象规定轨迹的动画，是专门放置轨迹路径的图层，只有线条（即打散的状态）才能作为引导线。引导层需要配合被引导层一起使用，在被引导层内添加传统补间动画——将传统补间动画关键帧上的元件实例——放置在引导线上，规定对象就可以根据引导线的轨迹路径进行运动。

注意，一个引导层可以与多个被引导层关联，但是这些被引导层必须依次放置在引导层下方。

删除引导层，只需要选择引导层—单击鼠标右键—【删除引导层】即可。

（六）调整蜻蜓位置

在【场景1】中，双击【蜻蜓引导层动画】影片剪辑按钮，进入编辑模式，查看蜻蜓在场景中的运动轨迹，是否停留在荷花上。如果蜻蜓不在荷花上，便退出编辑模式，再次进入【场景1】，调整蜻蜓位置，如图5-58所示。

图5-58　调整蜻蜓位置

（七）设置停止动作

鼠标双击【蜻蜓引导层动画】影片剪辑按钮，新建图层【动作】图层，在【动作】图层上，将第30帧插入空白关键帧—单击鼠标右键—【动作】—输入【stop（）；】，完成停止动作设置，如图5-59所示。

（八）测试影片

回到【场景1】中，按【Ctrl+Enter】组合键，测试影片动画效果，如图5-60所示。

图5-59　设置停止动作

图5-60　蜻蜓飞动画影片测试效果图

二、音符跳跃

【项目实践目标】：音符跳跃引导层动画

　　本项目来自于可可小爱的《小草也会疼　不要乱踩踏》公益动画项目中的一个镜头，通过项目实践，提升学生对引导层的应用能力。

【准备静态素材】：小草场景

【制作运动对象】：音符跳跃

【知识点】：

1.了解路径动画的原理。

2.了解引导层的作用。

3.理解引导层与被引导层的关系。（重点）

4.掌握传统补间动画中帧的调节。

5.掌握同一个引导层引导多个音符运动。（难点）

视频教学资料：第五章第二节音符跳跃引导层动画.MP4

源文件教学资料：第五章第二节音符跳跃引导层动画.FLA

素材源文件\第五章第三节音符引导层动画（练习）.FLA

本案例的最终效果如图5-61所示。

图5-61　音符跳跃引导层动画效果图

（一）打开工程文件

鼠标双击打开工程文件"第五章第三节音符引导层动画（练习）"—选择【草01】，双击【草01】图形元件，进入编辑模式，在【前叶】图层上方【新建图层】田，重命名为"音符"。在时间轴第4帧插入【空白关键帧】，将第34帧插入【空白关键帧】，如图5-62所示。

图5-62　插入空白关键帧

（二）创建音符引导层动画影片剪辑

选择【音符】图层，将时间轴光标放在第4帧，打开【库】，将【库】中的【音符类型1】拖到场景中小草。1嘴巴的位置。选择【音符类型1】—单击鼠标右键—【转化为元件】—名称设置为"音符类型1引导层动画"，类型设置为【影片剪辑】。

鼠标双击【音符类型1引导层动画】影片剪辑元件—按【回】新建图层—重命名为"音符1"—按【回】新建图层，重命名为"引导层"，如图5-63所示。

图5-63　转换为影片剪辑

（三）制作引导线

选择【引导层】图层，在工具栏中选择【铅笔工具】（Shift+Y），在场景中绘制曲线，并按【S】按钮进行平滑曲线处理，如图5-64所示。

在【引导层】图层第75帧，按【F5】复制关键帧。

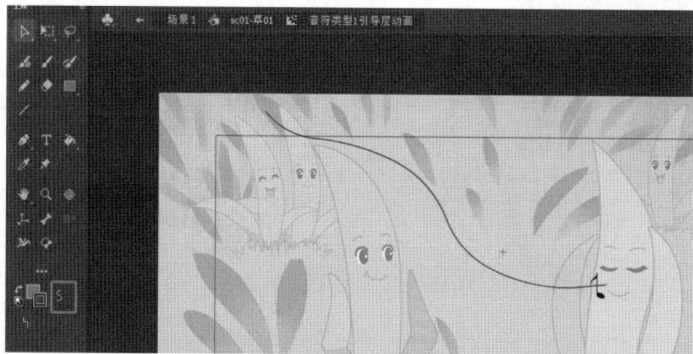

图5-64　制作引导线

（四）制作音符1动画

新建【音符1】图层，在【音符1】图层第40帧，按【F6】插入关键帧，在第1帧到第40帧中的任意一帧，单击鼠标右键—【创建传统补间动画】—在第6帧按【F6】插入关键帧—选择第1帧—打开【属性】面板—选择【色彩效果】—Alpha值设置为0—选择第24帧按【F6】插入关键帧—在工具栏中选择【任意变形工具】（Q），将音符等比例放大，如图5-65所示。

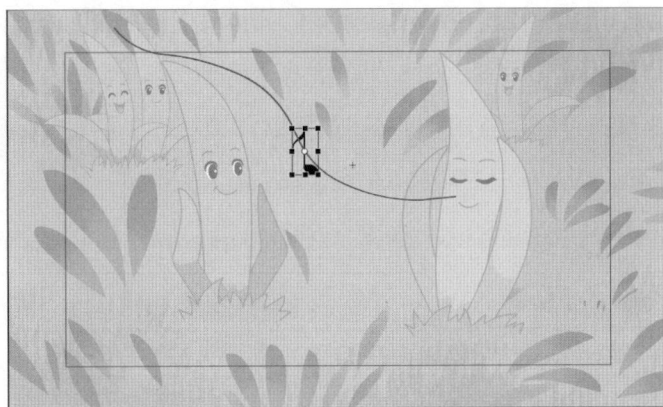

图5-65 制作音符1动画

（五）制作音符2动画

新建【音符2】图层，在【音符2】图层第9帧，按【F7】插入空白关键帧。在【库】里选择【音符2】图形元件拖拽到场景中，同样放在音符嘴巴的位置。在第51帧，按【F6】插入关键帧，在第9帧到第51帧中的任意一帧，单击鼠标右键—【创建传统补间动画】，在第15帧按【F6】插入关键帧—选择第9帧—打开【属性】面板—选择【色彩效果】—Alpha值设置为0—选择第27帧按【F6】插入关键帧，在工具栏中选择【任意变形工具】（Q），将音符等比例放大，选择第45帧按【F6】插入关键帧—选择第51帧按【F6】插入关键帧，打开【属性】面板—选择【色彩效果】—Alpha值设置为0，如图5-66所示。

图5-66 制作音符2动画

（六）制作音符3动画

新建【音符3】图层，在【音符3】图层第18帧，按【F7】插入空白关键帧。在【库】里选择【音符3】图形元件拖拽到场景中，同样放在音符嘴巴的位置。在第55帧，按【F6】插入关键帧—在第18帧到第55帧中的任意一帧，单击鼠标右键—【创建传统补间动画】，在第24帧按【F6】插入关键帧—选择第18帧—打开【属性】面板—选择【色彩效果】—Alpha值设置为0—选择第36帧按【F6】插入关键帧—在工具栏中选择【任意变形工具】（Q），将音符等比例放大，如图5-67所示。

图5-67　制作音符3动画

（七）制作音符4动画

新建【音符4】图层，在【音符4】图层第23帧，按【F7】插入空白关键帧。在【库】里选择【音符4】图形元件拖拽到场景中，同样放在音符嘴巴的位置。在第61帧，按【F6】插入关键帧—在第23帧到第61帧中的任意一帧，单击鼠标右键—【创建传统补间动画】，在第30帧按【F6】插入关键帧—选择第23帧—打开【属性】面板—选择【色彩效果】—Alpha值设置为0—选择第38帧按【F6】插入关键帧—在工具栏中选择【任意变形工具】（Q），将音符等比例放大—选择第56帧按【F6】插入关键帧—选择第61帧，打开【属性】面板—选择【色彩效果】—Alpha值设置为0，如图5-68所示。

（八）修改音符颜色

鼠标双击回到【草01】影片剪辑中—选择【音符】图层—选择场景中的【音符】元件—打开【属性】面板中的【色彩效果】—选择【色调】设置颜色为白色，如图5-69所示。

图 5-68　制作音符 4 动画

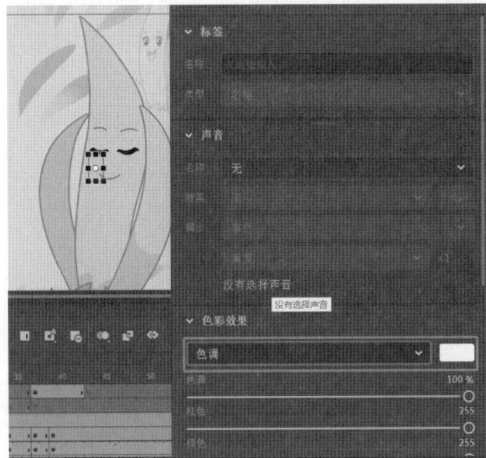

图 5-69　修改音符颜色

（九）测试影片

回到【场景 1】中，按【Ctrl+Enter】测试影片效果，如图 5-70 所示。

图 5-70　音符跳跃引导层动画影片测试效果

第三节　制作遮罩动画

一、卷轴动画

【项目实践目标】：制作《小池》古诗卷轴动画

【准备静态素材】：小池场景，MG卡通角色素材

【制作运动对象】：卷轴

【知识点】：

1. 理解遮罩层的原理。

2. 了解遮罩层与被遮罩层的关系。

3. 掌握遮罩层的使用方法。（重点）

4. 掌握遮罩层与补间动画的配合使用方法。（难点）

视频教学资料：微课教程\第五章第三节卷轴动画.MP4

素材源文件：第五章第三节卷轴动画（练习）.FLA

源文件教学资料：第五章第三节卷轴动画.FLA

本案例最终效果如图5-71所示。

图5-71　卷轴动画效果图

（一）打开素材源文件

打开"素材源文件\第五章第三节卷轴动画（练习）.FLA"，按【🔒】按钮锁定动画角色和背景两个图层，按【▣】新建图层，重命名为"卷轴动画"，如图5-72所示。

图5-72　新建画轴动画图层

（二）创建卷轴内页

在工具栏中选择【矩形工具】（R）—打开【属性】面板—设置【填充】颜色为#2E5282，【笔触】颜色为无，大小为宽283、高405—按【Ctrl+G】打组。

在没有任何选择的情况下，按【Ctrl+G】打组，这样可以看到底层画卷，在工具栏中选择【矩形工具】（R）—打开【属性】面板—设置【填充】颜色为#E3EEAB，【笔触】颜色为无，大小为宽247.6，高373.6，如图5-73所示。

图5-73　创建卷轴内页

（三）转换为影片剪辑

选择已经绘制的卷轴内页—单击鼠标右键—【转换为元件】—名称设置为"画轴动画"，类型设置为【影片剪辑】，双击进入【画轴动画】影片剪辑编辑模式，如图5-74所示。

图5-74　画卷内页转换为影片剪辑

（四）创建文字

双击图层重命名为"卷轴内页"，在工具栏中选择【文字工具】（T），在内页上编辑文字"小池 唐 杨万里 泉眼无声惜细流，树阴照水爱情柔，小荷才露尖尖角，早有蜻蜓立上头。"字体选择【微软雅黑】，颜色设置为【黑色】，如图5-75所示。

图5-75　创建文字

（五）创建遮罩层

在时间轴按【▣】新建图层，重命名为"遮罩层"，在工具栏选择【矩形工具】（R），打开【属性】面板，填充颜色设置为白色或其他任何颜色，【笔触】设置为无，遮罩层大小能覆盖卷轴内页即可，如图5-76所示。

图5-76　创建遮罩层

在第30帧，按【F6】插入关键帧—选择第1帧—在工具栏中选择【任意自由变换】（Q）工具—上下缩小遮罩层，如图5-77所示。

图5-77　缩小遮罩层

选择第1帧到第30帧中的任意一帧，单击鼠标右键—【创建补间形状动画】，如图5-78所示。

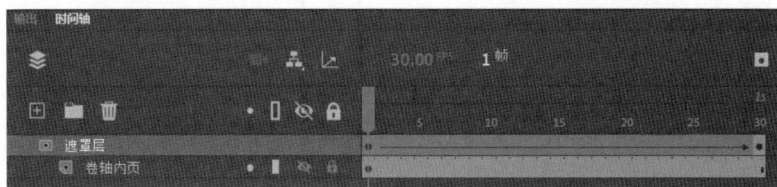

图5-78　创建补间形状动画

选择【遮罩层】图层—鼠标单击右键—【遮罩层】，遮罩层图标转变为 ⊙，此时，卷轴内页会随着遮罩层的展开而展开，如图5-79所示。

图5-79　展开遮罩层

【知识链接】遮罩层

遮罩层是一种特殊的图层，一个遮罩层可以关联多个被遮罩层。在遮罩层上的形状区域会显示被遮罩层上的元素，形状外的区域不会被显示。在遮罩层上也可以制作动画，但是当包含多个有内部动画的元件实例时，需要将"混合"设置为"图层"。

在普通图层上单击鼠标右键，在弹出的快捷菜单中选择【遮罩层】命令，可以将普通图层转换为遮罩层。遮罩层的图标 ⊙ 与普通图标 ▨ 是不一样的。

在普通图层上单击鼠标右键，在弹出的快捷菜单中选择【属性】命令—弹出【图层属性】对话框—【类型】选择【遮罩层】—单击【确定】按钮，可将普通图层转换为遮罩层，如图5-80所示。

普通图层转换为被遮罩层。将普通图层拖拽到遮罩层下方，在遮罩层图标有房出现一个圆点，此时松开鼠标左键，普通图层转换为被遮罩层，图标为 ⊙，并与遮罩层发生关联，如图5-81所示。

取消被遮罩层与遮罩层的关联。将被遮罩层拖拽到其他图层，或者选择遮罩层图层—单击鼠标右键—取消勾选【遮罩层】，即可取消被遮罩层与遮罩层的关联，如图5-82所示。

显示遮罩。将遮罩层和被遮罩层锁定后，可以显示遮罩效果。也可以在遮罩层上单击鼠标右键，在弹出的菜单中选择【显示遮罩】命令自动锁定相关图层，如图5-83所示。

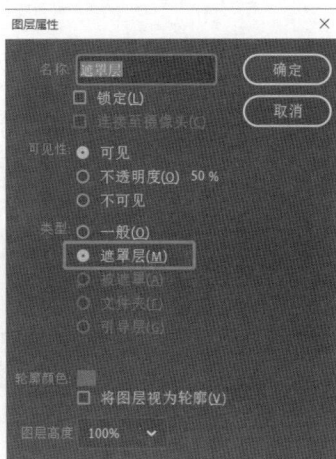

图5-80 图层属性对话框

图5-81 普通图层转换为被遮罩层

图5-82 取消被遮罩层与遮罩层的关联

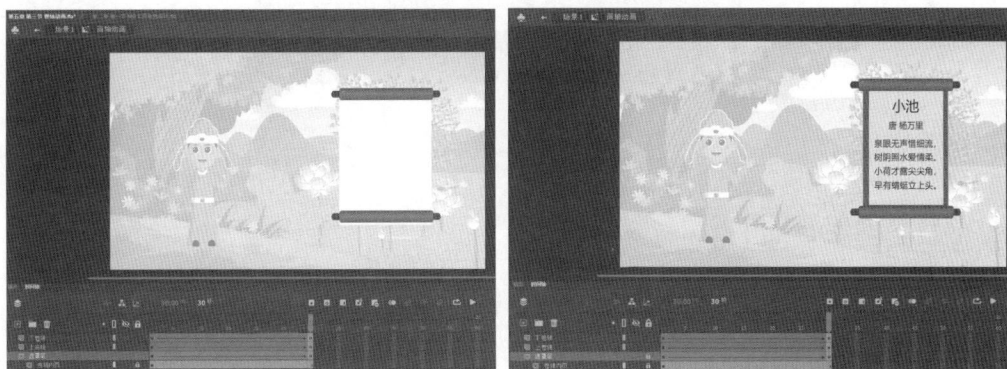

图5-83 未显示遮罩（左）和显示遮罩（右）

（六）创建卷轴

在时间轴新建图层，重命名为"上卷轴"，锁定【遮罩层】和【卷轴内页】图层，在工具栏中选择【基本矩形工具】（Shift+R），打开【属性】面板设置，【笔触】为无，【颜色】为线性渐变，如图5-84所示。

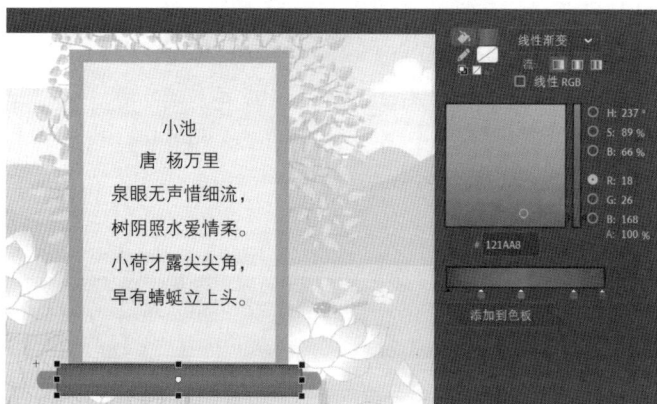

图5-84　创建卷轴

双击基本矩形转变为【绘制对象】—按F键，旋转和修改渐变方向，如图5-85所示。

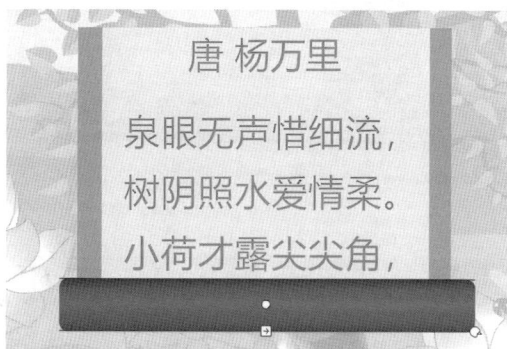

图5-85　旋转渐变

（七）创建卷轴手柄

在工具栏中选择【矩形工具】（R）—在【属性】面板中设置【填充】颜色为#5A0040—选择卷轴手柄—按【Ctrl+G】打组—按【Ctrl+↓】移动手柄的位置，将手柄放置在卷轴右侧，如图5-86所示。

图5-86 制作右手柄

复制卷轴手柄。选择右侧卷轴手柄—按【Ctrl+C】【Ctrl+Shift+V】原位粘贴—单击鼠标右键，选择【变形】中的【水平翻转】—移动到卷轴左侧位置—选择【卷轴】，按【Shift】同时加选【卷轴左右手柄】—打开【对齐】属性—选择【垂直中齐】 ，如图5-87所示。

图5-87 制作左手柄

选择【卷轴】，按【Shift】同时加选【卷轴左右手柄】—单击鼠标右键—选择【转换为元件】—名称设置为"上卷轴"，类型设置为【图形】—将时间轴光标放在第1帧，将图形放在如图5-88所示位置。将时间轴光标放在第30帧，将图形放在如图5-89所示位置。

图5-88 上卷轴第1帧位置

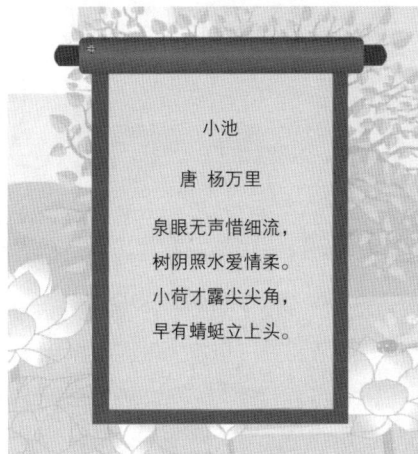

图5-89 上卷轴第30帧位置

（八）创建补间动画

选择【上卷轴】图层第1帧与第30帧中间的任意一帧，单击鼠标右键—【创建传统补间动画】，如图5-90所示。

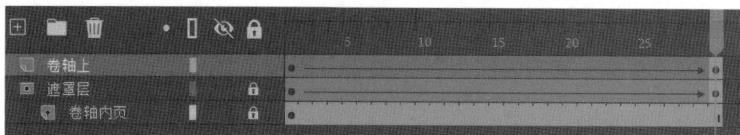

图5-90　创建上卷轴动画

（九）复制下卷轴图层

选择【上卷轴】图层—单击鼠标右键—【复制图层】—双击图层—重命名为"下卷轴"—选择第1帧—按【↓】键移动到如图5-91所示的位置—选择第30帧—按【↓】键移动到如图5-92所示位置。

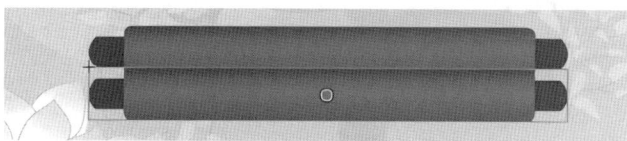

图5-91　修改下卷轴第1帧位置

图5-92　修改下卷轴第30帧位置

（十）添加停止动作

新建图层—选择第 30 帧—按【F7】插入空白关键帧—单击鼠标右键—【动作】（F9）—键入【stop（ ）;】插入停止动作，如图 5-93 所示。

图 5-93　添加停止动作代码

（十一）测试影片

双击空白处—回到【场景 1】—按【Ctrl+Enter】测试影片效果，如图 5-94 所示。

图 5-94　卷轴动画影片效果测试

二、放大镜动画

【项目实践目标】：小爱介绍房间

【准备静态素材】：可可和小爱的房间，小爱说话

【制作运动对象】：放大镜

【知识点】：

1.制作形状补间动画。

2.制作传统补间动画。（重点）

3.遮罩层与补间动画的配合使用。（难点）

视频教学资料：微课教程\第五章第三节放大镜动画.MP4

素材源文件：第五章第三节放大镜动画（练习）.FLA

源文件教学资料：第五章第三节放大镜动画.FLA

本案例的最终效果如图5-95所示。

图5-95　小爱介绍房间动画效果图

（一）设置房间背景

打开"素材源文件\第五章第三节放大镜动画（练习）.FLA"—打开【库】，分别将【可可房间】图片和【小爱房间】图片拖到场景中—全选两张图片—单击鼠标右键—【分散到图层】，将两张图片分散到两个图层—重命名为"可可房间"和"小爱房间"—打开【对齐】面板将图片与舞台对齐，如图5-96所示。

图5-96　设置房间背景

（二）制作放大镜

　　在时间轴新建图层，命名为"放大镜"—在工具栏中选择【椭圆工具】（O）—按
Shift键同时拖拽绘制正圆—打开【属性】面板，设置【填充】颜色为#66FFFF，【笔触】
颜色为#6633FF，大小为612.5。在工具栏中选择【矩形工具】（R）—打开【属性】面板，
设置【填充】颜色为##663333，【笔触】颜色为##660033，宽为391.4，高为275，将光标
放在时间轴第1帧位置，放置放大镜放在如图5-97所示位置。

图5-97　制作放大镜

　　双击选择放大镜—单击鼠标右键—【转换为元件】—名称设置为"放大镜"，类型设
置为【图形】元件，在第21帧，按【F6】插入关键帧，并将放大镜放在如图5-98所示位
置，第40帧，按【F6】插入关键帧，并将放大镜放在如图5-99所示位置，第54帧，按
【F6】插入关键帧。

图5-98 第21帧放大镜的位置

图5-99 第40帧放大镜的位置

将时间轴光标放在第54帧，在工具栏选择【变形工具】（Q），将放大镜放大到蓝色部分充满整个画布，如图5-100所示。

图5-100 第54帧放大镜的位置

（三）创建传统补间动画及遮罩层

选择在第1帧到第21帧中的任意一帧，单击鼠标右键—【创建传统补间动画】，选择在第21帧到第40帧中的任意一帧，单击鼠标右键—【创建传统补间动画】，选择在第40帧到第54帧中的任意一帧，单击鼠标右键—【创建传统补间动画】，选择【放大镜】图层—单击鼠标右键—【遮罩层】，如图5-101所示。

图5-101 创建传统补间动画

（四）复制放大镜图层

选择【放大镜】遮罩图层—单击鼠标右键—【复制图层】，分别选择第1帧、第21帧、第40帧、第54帧，按【Ctrl+B】打散，删除每一个关键帧中放大镜镜片，在第1帧到第21帧之间【创建形状补间】，在第21帧到第40帧之间【创建形状补间】，在第40帧到第54帧之间【创建形状补间】，如图5-102所示。

图5-102　复制放大镜图层

（五）添加小爱说话图层

新建图层重命名为"小爱"，将时间轴光标放在第35帧，打开【库】，选择【库】中的【小爱】图形元件放到场景中，如图5-103所示。在第40帧创建关键帧，选择第35帧，打开【属性】面板—设置【Alpha】值为0%。选择第35帧到第40帧之间的任意一帧，右键选择【创建传统补间动画】，在第93帧插入关键帧。

图5-103　添加小爱说话图层

选择【爱爱房间】图层，在第93帧插入关键帧。

（六）测试影片

按【Ctrl+Enter】测试小爱介绍房间影片效果，如图5-104所示。

图5-104　小爱介绍房间影片测试

第四节　树叶飘落

【项目实践目标】：制作树叶飘落动画

【准备静态素材】：可可小爱项目场景

【制作运动对象】：飘落的树叶和涟漪

【知识点】：

1. 熟悉引导层的应用方法。

2. 掌握图层动画的使用技巧。（重点）

3. 巩固形状补间动画和属性的应用。

4. 掌握摄影机的创建与应用技法。

5. 掌握移镜头和推镜头的应用技法。

视频教学资料：微课教程\第五章第四节树叶飘落动画.MP4

素材源文件：第五章第四节树叶飘落动画（练习）.FLA

源文件教学资料：第五章第四节树叶飘落动画.FLA

本案例最终效果如图5-105所示。

图 5-105　树叶飘落动画效果图

一、绘制树叶

1.绘制叶子线稿

在工具栏中选择【铅笔工具】（Shift+Y）—打开【属性】栏，设置笔触颜色为 #660033—按【Ctrl+G】打组—绘制叶子，如图 5-106 所示。

2.为叶子填充颜色

选择工具栏中的【油漆桶工具】（K）—打开【属性】栏，设置填充颜色为 #66CC66，为叶子填充颜色，如果填充不上，只需选择工具栏中【间隔大小】，设置封闭大空隙即可，如图 5-107 所示。

图 5-106　叶子

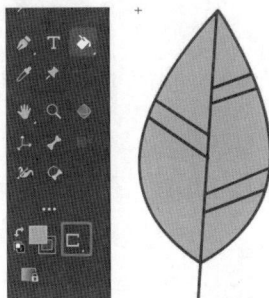

图 5-107　填充颜色

二、创建元件

1.转换为图形元件

鼠标双击选择叶子—单击鼠标右键—【转换为元件】—在弹出的对话框中选择【图形】—命名为"叶子"，最后鼠标单击【确定】，如图 5-108 所示。

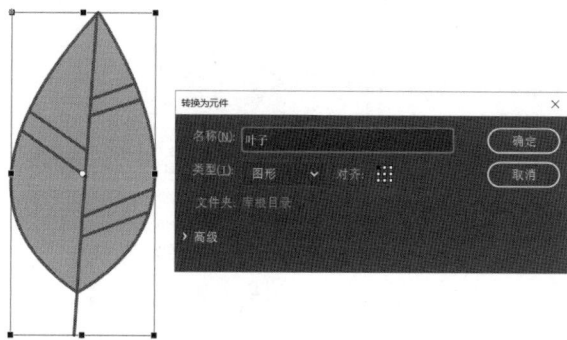

图 5-108　转换为图形元件

2.转换为影片剪辑元件

选择叶子图形元件—单击鼠标右键—【转换为元件】—在弹出的对话框中选择【影片剪辑】—命名为"叶子飘落",最后鼠标单击【确定】,如图 5-109 所示。

图 5-109　转换为影片剪辑元件

三、制作引导层动画

新建图层并命名为【引导层】—在工具栏中选择【铅笔工具】(Shift+Y),笔触可以选择任意颜色,绘制如图 5-110 所示的叶子飘落路径。

新建图层命名为"叶子"—将【叶子】图形元件拖拽到场景中,将时间轴光标放在第 1 帧,打开【属性】面板中的【文档】,将叶子拖到引导线如图 5-111 所示位置。

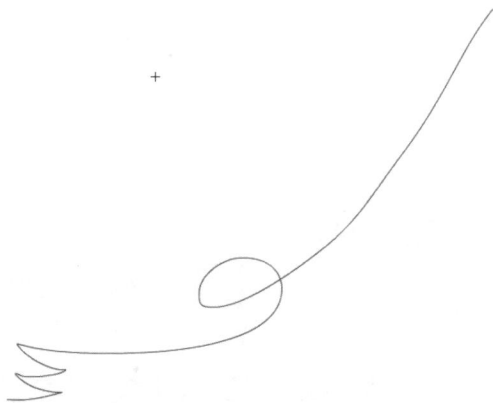

图 5-110　叶子飘落路径

将时间轴光标放在第143帧，选择【引导层】图层—【F5】，选择【引导层】图层—【F6】，将叶子拖到引导线末端，如图5-112所示。

图5-111　叶子飘落起始点位置

图5-112　叶子飘落终止位置

选择【引导层】图层—鼠标单击右键—转换为【引导层】—将【叶子】图层拖到【引导层】中。选择【叶子】图层的第1帧到第143帧中间的任意一帧，鼠标单击右键—【创建补间动画】，分别在第25帧、第39帧、第53帧、第78帧、第96帧、第112帧、第125帧设置关键帧，如图5-113所示。

第25帧

第39帧

第53帧

图5-113

第78帧

第96帧

第112帧

第125帧

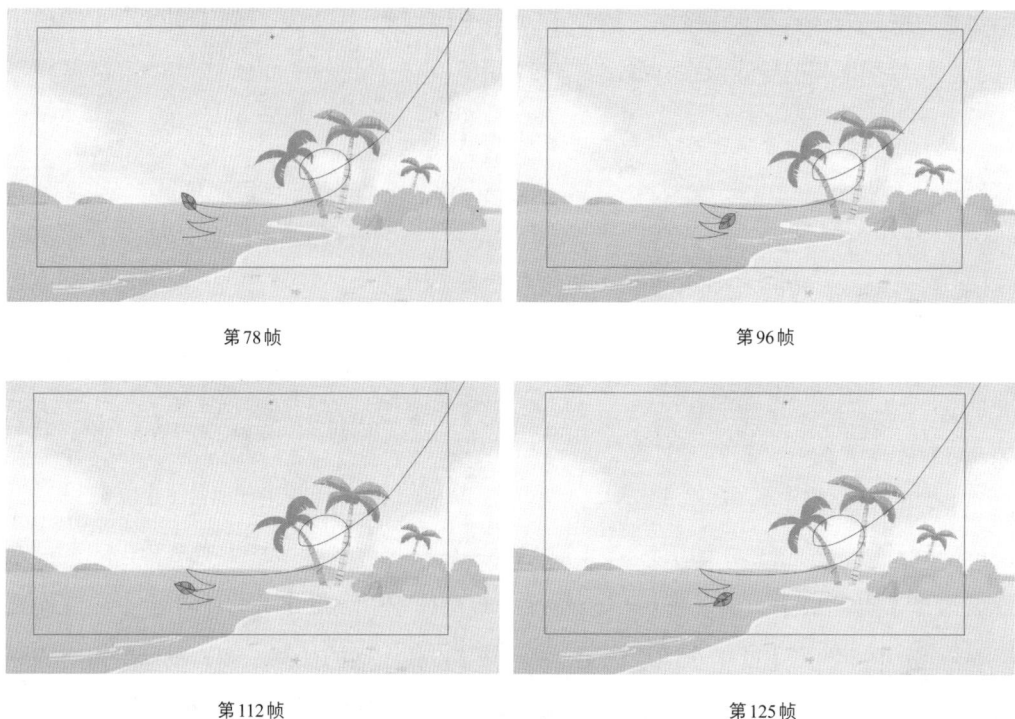

图5-113　叶子飘落关键帧设置

四、制作涟漪

1.创建涟漪层

单击图层中的按钮，新建图层，命名为"涟漪层"，将时间轴光标放在第143帧，在工具栏中选择【椭圆工具】（O）绘制宽54.5、高19.1的椭圆，设置笔触颜色为白色，填充色为无，笔触大小为11，如图5-114所示。

在第171帧设置关键帧，选择工具栏中的【任意变形工具】（Q），将椭圆放大到如图5-115所示的位置。

在第184帧设置关键帧，选择工具栏中的【任意变形工具】（Q），将椭圆放大到如图5-116所示的位置，椭圆宽为272.15、高为95.55，在【属性】面板中设置笔触大小为6，选择第184帧，打开【属性】栏设置【色彩效果】中的Alpha值为0，如图5-116所示。

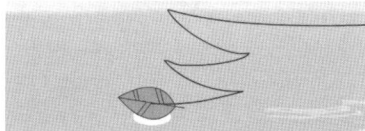

图5-114　涟漪起始帧

图5-115　涟漪中间帧

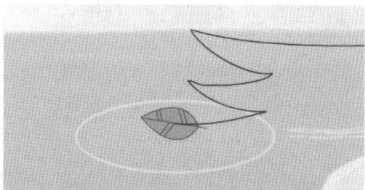

图5-116　涟漪终止帧

2.创建形状补间

选择第143帧和第171帧中的任意一帧单击鼠标右键—【创建形状补间动画】，选择第171帧和第184帧中的任意一帧单击鼠标右键—【创建形状补间动画】，如图5-117所示。选择第221帧，按【F5】，复制关键帧。

图5-117　创建形状补间动画

3.复制涟漪层

选择【涟漪层】—单击鼠标右键—【复制图层】，选择复制后的图层第143帧，按【Shift】同时加选第184帧，拖到第161帧停止，如图5-118所示。

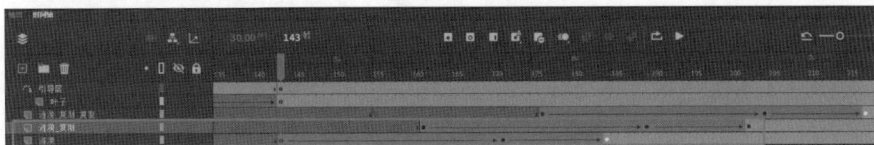

图5-118　复制第一个涟漪层

选择【涟漪复制层】—单击鼠标右键—【复制图层】，选择复制后的图层第161帧，按【Shift】同时加选第202帧，拖到第176帧停止，如图5-119所示。

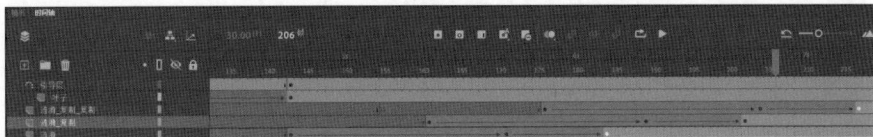

图5-119　复制第二个涟漪层

五、创建摄像机

1.创建摄像机

回到【场景1】中，将最底层图层名称设置为【背景层】—新建图层设置为【叶子动画】—将时间轴光标放到第221帧，按【F5】复制关键帧—按【摄影机】◼按钮，图层上会自动新建一个摄影层，如图5-120所示。

2.移动镜头

将时间轴光标放在第79帧，按【F6】
创建关键帧，将鼠标放在场景中图标会变
成 🖐 的图标，移动摄像机到如图5-121所
示的位置。将时间轴光标放在第1帧到第79
帧中的任意一帧，单击鼠标右键—【创建传
统补间动画】，如图5-121所示。

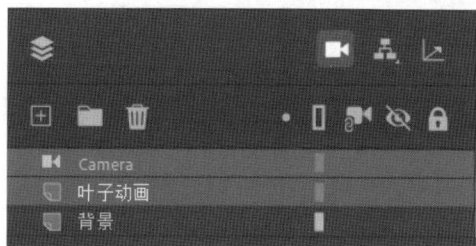

图5-120　创建摄影机图层

图5-121　移动镜头

【知识链接】

🎥：单击旋转摄影机图标，就可以旋转镜头。

🔍：单击放大缩小图标，拖动滑杆既可以放大或缩小镜头。

3.推镜头

将时间轴光标放在第111帧，按【F6】
插入关键帧，再将光标放在第175帧，按
【F6】插入关键帧，选择【放大摄像机】
🔍按钮，推到如图5-122所示的位置。

图5-122　推镜头

4.预览视频

按【Ctrl+Enter】预览视频，如图5-123所示。

图5-123　叶子飘落镜头预览效果图

本章小结

本章通过太阳光芒动画、荷花绽放动画、生长的小花、蜻蜓飞、音符跳跃、卷轴动画、放大镜动画、树叶飘落8个实例，详细讲解了Animate CC 2023中重要的形状补间动画、传统补间动画、转化为逐帧动画、引导层动画、遮罩动画、图层的运动等功能和使用方法，进一步熟悉和掌握了工具栏中【直线工具】、【基本椭圆工具】、【椭圆工具】、【基本矩形工具】、【铅笔工具】、【油漆桶工具】、【任意变形工具】，以及【属性】、【转换为元件】等功能的综合使用方法。同时，详细拓展了【修改形状】、【图形元件的循环属性】等功能。

习题与训练

（1）请使用形状补间动画制作百变的魔方动画。

（2）请使用案例中荷花绽放的方法制作不同角度的荷花绽放。

思维拓展

（1）如何制作一边旋转一边飘落的下雪动画呢？

（2）如何利用摄像机制作旋转镜头呢？

项目实训

请按照本章第二节和第三节的案例方法，为《小草也会疼 不要乱踩踏》公益动画项目镜头添加足球入镜并出镜的动画，如图5-124所示。

图5-124　足球动画

第六章

Animate CC 2023骨骼动画和关联动画

  Animate CC 2023 中的骨骼动画和关联动画是动画创作中非常重要的功能，它们能够让角色和物体在动画中呈现出更加自然和生动的运动效果。骨骼动画通过为角色或物体添加骨骼，然后调整骨骼的位置和旋转来实现动画效果，使角色或物体的运动更符合物理规律。关联动画则是通过设定对象之间的关联关系，当一个对象发生变化时，另一个对象也会发生相应的变化，从而实现动画的连贯性和互动性。本章将详细介绍如何运用Animate CC 2023中的骨骼动画功能和关联动画功能创建骨架、关联父子关系并制作动画。

能力目标

1.掌握骨骼动画的创建、种类，以及跳跃骨骼动画的制作方法
2.掌握父子关联动画的创建、关系，以及走路关联动画的制作方法

知识目标

1.了解为元件实例、形状添加骨骼的方法和区别
2.了解骨架样式的选项和类型，以及IK骨骼命名、编辑、删除骨骼的方法
3.掌握高级图层属性的内容和使用方法

情感目标

激发学生的创造能力

第一节　骨骼动画

骨骼工具可以用于为多个元件建立骨骼链接，图标是 ![icon]，快捷键是 M。

骨骼工具还可以使用反向运动（IK）进行动画处理，这些骨骼按父子关系连接成线性或枝状的骨架。当一个骨骼移动时，与其链接的其他骨骼也发生相应的移动。在时间轴上指定骨骼的开始和结束的位置，会自动在起始帧和结束帧之间对骨架中骨骼的位置进行内插处理。

一、为元件实例添加骨骼

（一）创建骨骼

打开"素材源文件\第五章第一节可可妈妈骨骼绑定（练习）.fla"文件，包括头、脖子、手臂、手、裙子、腿6个元件实例。

1.创建根骨骼

在工具栏中选择【骨骼工具】（M），单击脖子根部添加【根骨骼】，不松手拖拽鼠标到头部的下巴区域或头顶处添加一根骨骼，完成躯干和头部的骨骼绑定。

2.创建手臂骨骼

鼠标单击【根骨骼】—不松手拖拽鼠标分别单击左右上肢的肩关节处并添加两个【子骨骼】—单击手添加【子骨骼】，完成手臂骨骼创建。

3.创建身体和腿部骨骼

单击【根骨骼】—不松手拖拽鼠标单击身体肚脐的位置创建【子骨骼】—分别单击左右膝盖位置创建【子骨骼】—分别单击左右两脚位置创建骨骼，完成身体和腿部骨骼的创建，如图6-1所示。

（二）调整层级关系

添加完成所有骨骼后，如果发现排列的层级出现错误，可以在元件实例上单击鼠标右键，在弹出的菜单中选择【排列】命令组中的命令，修改层级，如图6-2所示。

图6-1　为元件添加骨骼

图6-2 修改图层排列层级

（三）新建骨骼图层

添加完所有骨骼后，会自动新建一个图层为【骨架】层，用于放置骨骼和元件实例，原有图层的元件实例自动放置在骨骼层中，如图6-3所示。

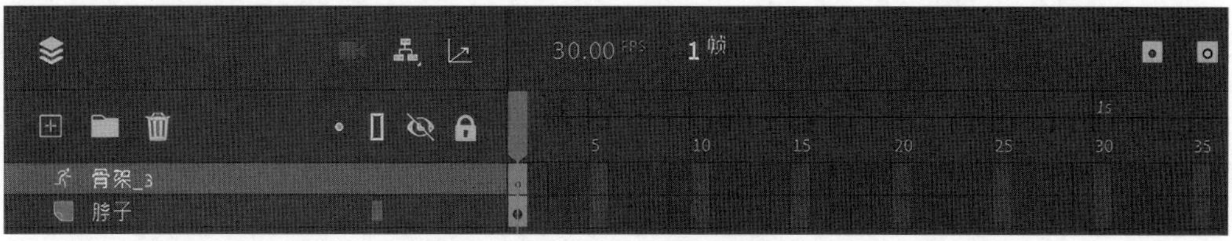

图6-3 新建骨骼图层

（四）生成骨骼动画

在工具栏中选择【选择工具】，拖拽元件变换角度可以调整姿势，如图6-4所示。选择第15帧，按【F6】插入关键帧—在第10帧，按【F6】插入关键帧—拖拽元件调整姿势。此时，点击播放时间轴可以看到自动生成动画效果，如图6-5所示。

图6-4 调整姿势

图6-5 生成动画

二、为形状添加骨骼

打开"素材源文件\第五章第一节小草骨骼绑定（练习）.fla"文件，包括小草主叶、左手叶片、右手叶片、前草4个形状。

注意，为形状添加骨骼时，必须要删除笔触，只保留填充色，并要选中所有形状后，再使用【骨骼工具】添加骨骼。

（一）创建主叶骨骼

1.创建主叶骨骼

单击【选择工具】（V），在场景中框选小草，如图6-6所示，选择工具栏中的【骨骼工具】（M），单击小草主叶根部，添加骨骼。单击鼠标不松手从根部拖拽到小草两只眼睛中间，再单击鼠标不松手拖拽到小草顶部，如图6-6所示。

图6-6　框选所有形状与创建主叶骨骼

2.创建左手叶子骨骼

单击【根骨骼】，单击鼠标不松手从根部拖拽到小草左手叶子中间，再单击鼠标不松手拖拽到小草左手尖，如图6-7所示。

图6-7　创建左手叶子骨骼

3.创建右手叶子骨骼

单击【根骨骼】，单击鼠标不松手从根部拖拽到小草右手叶子中间，再单击鼠标不松手拖拽到小草右手尖，如图6-8所示。

（二）新建骨骼图层

添加完骨骼后，会自动新建一个图层为【骨架】层，用于放置骨骼和形状，原有形状自动放置在骨骼层中，如图6-9所示。

图6-8　创建右手叶子骨骼

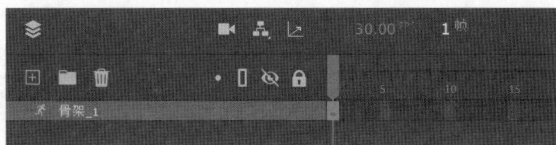

图6-9　新建骨骼层

（三）生成骨骼动画

在工具栏中选择【选择工具】，拖拽骨骼可以调整姿势。选择第20帧，按【F6】插入关键帧，拖拽骨骼调整姿势，在第10帧，按【F6】插入关键帧拖拽骨骼调整姿势，在第2帧，按【F6】插入关键帧拖拽骨骼调整姿势。此时，点击播放时间轴可以看到自动生成动画效果，如图6-10所示。

图6-10　生成小草骨骼动画

三、骨架样式

（一）骨架样式选项

在时间轴上选择骨骼图层中的【帧】—选择【属性】面板中的【选项】—【样式】—单击下拉选框，会看到四种骨架样式，如图6-11所示。

（二）骨架样式类型

骨架样式是选中骨骼后骨骼显示的效果，

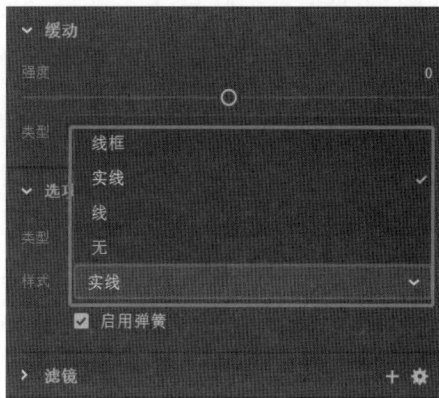

图6-11　骨架样式选项

骨骼样式主要有线框、实线、线和无4种，如图6-12所示。

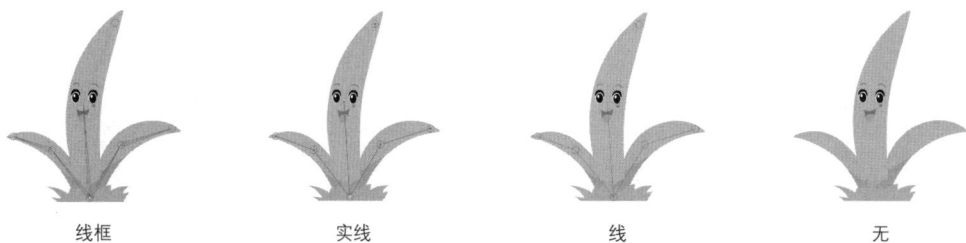

| 线框 | 实线 | 线 | 无 |

图6-12　骨架样式

四、骨骼和骨骼编辑控件

（一）IK骨骼命名

选择【骨骼】，打开【属性】面板，会看到IK骨骼，下边的【ikBoneName2】可以修改骨骼名字，方便管理，如图6-13所示。

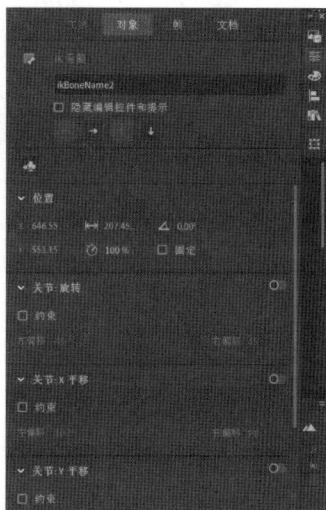

（二）编辑控件和提示

骨骼的圆圈为控件所在位置，如图6-14所示，在属性中可以对空间隐藏或者显示。骨骼控件需要在选定骨骼后才能选择，并进行编辑，如图6-15所示。

图6-13　IK骨骼命名

（三）删除骨骼

选择骨骼后，按Delete键或Backspace键即可删除骨骼和子骨骼。

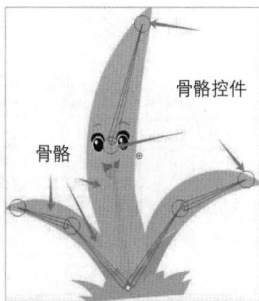

图6-14　骨骼与骨骼控

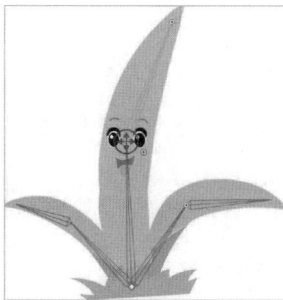

图6-15　选择骨骼控件

第二节　跳跃骨骼动画

【项目实践目标】：跳跃骨骼动画

【准备静态素材】：卡通角色素材

【制作运动对象】：卡通角色跳跃

【知识点】：

1.了解骨骼绑定的方法。

2.使用骨骼工具制作跳跃动画。（重点）

3.调整骨骼动画关键帧位置。（难点）

视频教学资料：微课教程\第六章第二节跳跃骨骼动画.MP4

素材源文件：素材源文件\第五章第二节跳跃骨骼动画（练习）.FLA

源文件教学资料：源文件\第五章第二节跳跃骨骼动画.FLA

本案例的最终效果如图6-16所示。

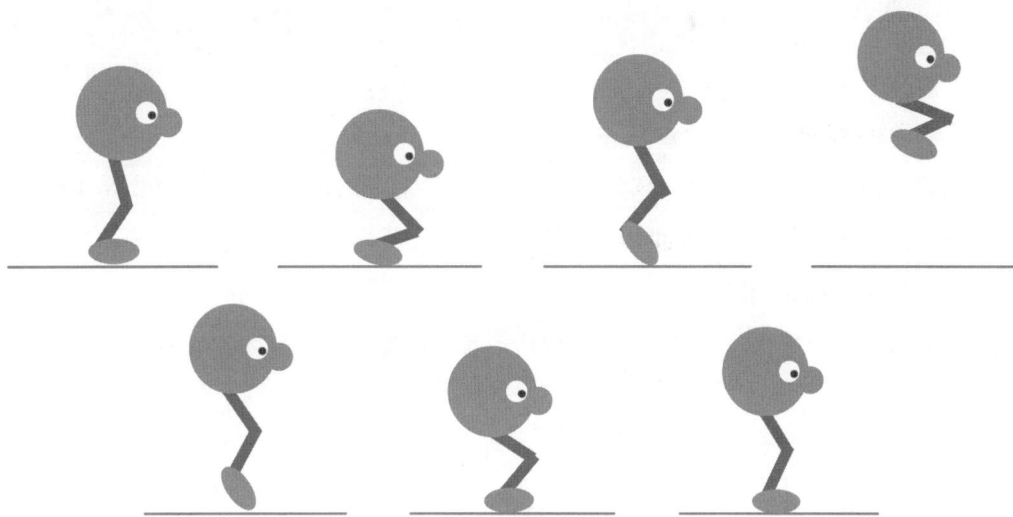

图6-16　跳跃骨骼动画效果

一、骨骼绑定

（一）打开文件

鼠标双击打开Animate CC 2023软件，打开"素材源文件/第六章第二节跳跃骨骼动画（练习）"文件，如图6-17所示。

（二）创建骨骼

选择工具栏中的【骨骼工具】（M），鼠标单击头部中心位置，创建【根骨骼】，依次鼠标单击【身体上部分】—【身体下部分】—【脚后跟】关节处，创建骨骼，最后鼠标单击【根骨骼】—单击【鼻子】创建头部和鼻子之间的骨骼，如图6-18所示。

图6-17　打开素材源文件　　　　　图6-18　创建骨骼

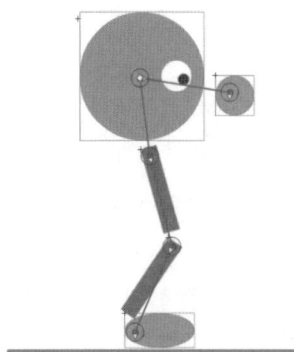

（三）合并身体

1.移动和旋转身体上部分骨骼

将时间轴光标放在第1帧—按Ctrl键同时选择【身体上部分】，移动到如图6-19所示的位置。按Q键，旋转身体到如图6-20所示的位置。

2.移动身体下部分骨骼

按Ctrl键同时选择【身体下部分】，移动并按Q键，旋转身体到如图6-21所示的位置。

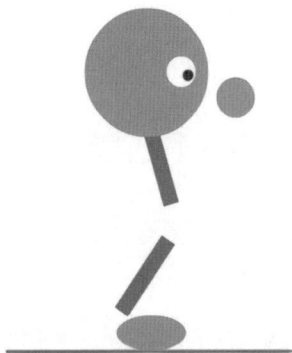

图6-19　移动身体上部分骨骼　　　图6-20　旋转骨骼　　　图6-21　移动身体下部分骨骼

3.移动脚骨骼

按Ctrl键同时选择【脚】，移动到如图6-22所示的位置。

4.移动鼻子骨骼

按Ctrl键同时选择【鼻子】，移动到如图6-23所示的位置。

图6-22　移动脚骨骼　　　　图6-23　移动鼻子骨骼

5.移动角色所有部分到地面

在工具栏中点击【选择键】（V），框选所有部分后按【↓】，移动到地面上，如图6-24所示。

选择【脚】—【Ctrl+↑】，将【脚】移动到最顶层，如图6-25所示。

图6-24　移动角色到地面上　　　　图6-25　修改脚为最顶层

二、制作骨骼跳跃动画

（一）创建预备关键帧

将时间轴光标放在第3帧，按【F6】插入关键帧，按【Ctrl】加选角色的各部分，移动到如图6-26所示的位置。

（二）创建跳起的关键帧

将时间轴光标放在第6帧，按【F6】插入关键帧，选择工具栏中的【选择工具】（V），选择脚图形，调整到如图6-27所示的造型，框选角色，按【↑】将角色移动到如图6-27所示的位置。

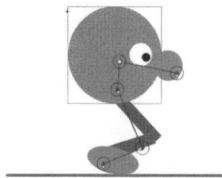

图6-26　预备关键帧　　图6-27　起跳接触关键帧

（三）创建最高关键帧

将时间轴光标放在第10帧，按【F6】插入关键帧，选择工具栏中的【选择工具】（V），选择脚图形调整到如图6-28所示的造型，框选角色，按【↑】将角色移动到如图6-28所示的位置。

（四）创建接触地面关键帧

将时间轴光标放在第15帧，按【F6】插入关键帧，选择工具栏中的【选择工具】（V），选择脚图形调整到如图6-29所示的造型，框选角色，按【↑】将角色移动到如图6-29所示的位置。

图6-28　跳起最高关键帧　　图6-29　接触地面关键帧

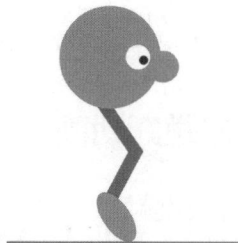

（五）创建惯性关键帧

将时间轴光标放在第19帧，按【F6】插入关键帧，选择工具栏中的【选择工具】（V），选择脚图形调整到如图6-30所示的造型，框选角色，按【↑】将角色移动到如图6-30所示的位置。

（六）创建终止关键帧

将时间轴光标放在第23帧，按【F6】插入关键帧，选择工具栏中的【选择工具】（V），选择脚图形调整到如图6-31所示的造型，框选角色，按【↑】将角色移动到如图6-31所示的位置。

完成动画关键帧创建后，将时间光标放在第30帧，按【F5】复制关键帧。

图6-30　创建惯性关键帧　　　图6-31　创建终止关键帧

三、成片预览

按【Ctrl+Enter】预览影片，如图6-32所示。

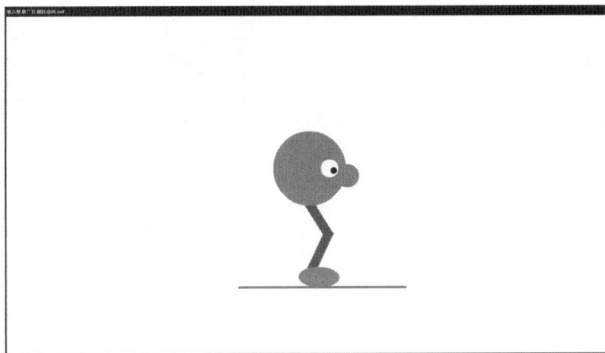

图6-32　跳跃骨骼动画影片预览

第三节　走路父子关联动画

【项目实践目标】：走路父子关联动画

【准备静态素材】：可可小爱妈妈角色素材

【制作运动对象】：可可小爱妈妈走路

【知识点】：

1.了解父子关联动画的制作方法。

2.使用图层关联制作走路动画。（重点）

3.调整图层关联动画关键帧位置。（难点）

视频教学资料：微课教程\第六章第三节走路关联动画.MP4

素材源文件：第六章第三节走路关联动画（练习）.FLA

源文件教学资料：第六章第三节走路关联动画.FLA

本案例的最终效果如图6-33所示。

一、构建父子关系

（一）打开文件

双击打开Animate CC 2023软件，打开"素材源文件/第六章第三节可可妈妈走路关联动画（练习）"文件，如图6-34所示。

图6-33　可可妈妈走路关联动画效果

（二）分散到图层

选择工具栏中的【选择工具】（V）—框选所有图形—鼠标单击右键—【分散到图层】，如图6-35所示。

（三）创建父子关系

单击时间轴上的【父级视图】按钮，打开父子级关系图，如图6-36所示。

图6-34　打开素材文件　　图6-35　分散到图层

图6-36 打开父级视图

【知识链接】使用高级图层属性

只有在【文档】属性中勾选【使用高级图层】时，才可使用【父级视图】，如图6-37所示。

选择【低头—妈妈】图层—单击【父级视图】—拖动鼠标不松手到【脖子】，【脖子】图层与【头部图层】的父级视图构建了联系，即头跟脖子动，如图6-38所示。

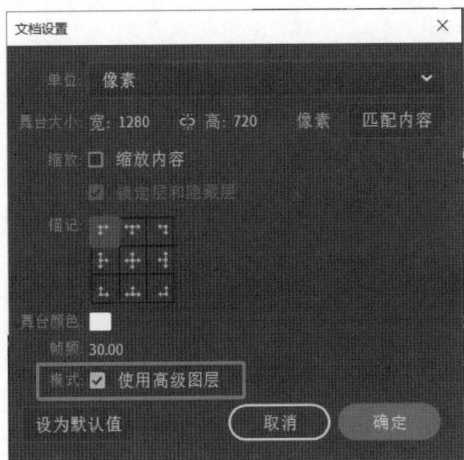

图6-37 使用高级图层属性

图6-38 脖子和头图层关联

同理，选择【右手】图层关联到【右胳膊】图层，选择【右胳膊】图层关联到【身体】图层，选择【左胳膊】图层关联到【身体】图层，选择【左手】图层关联到【左胳膊】图层，选择【右腿】图层关联到【身体】图层，选择【右脚】图层关联到【右腿】图层，选择【左腿】图层关联到【身体】图层，选择【左脚】图层关联到【左腿】图层，建立图层关联关系如图6-39所示。

图6-39　图层关联关系

二、制作走路关联动画

(一)创建过程帧

将时间轴光标放在第1帧,按【Q】,检查和调整所有的角色元件,旋转中心是否在关节处,如果不在需要进行调整,如图6-40所示。

将时间轴光标放在第5帧,全选所有图层,按【F6】插入关键帧,按【Q】,选择需要修改的角色元件,旋转到如图6-41所示的位置。

图6-40　调整旋转中心　　图6-41　调整角色过程帧动态

（二）创建左脚最高关键帧

将时间轴光标放在第9帧，全选所有图层，按【F6】插入关键帧，按【Q】，选择需要修改的角色元件，旋转到如图6-42所示的位置。

（三）创建接触帧

将时间轴光标放在第13帧，全选所有图层，按【F6】插入关键帧，按【Q】，选择需要修改的角色元件，旋转到如图6-43所示的位置。

图6-42　调整角色左脚最高帧动态　　　图6-43　调整角色接触帧动态

（四）创建右脚最高位置关键帧

将时间轴光标放在第17帧，全选所有图层，按【F6】插入关键帧，按【Q】，选择需要修改的角色元件，旋转到如图6-44所示的位置。

图6-44　调整角色右脚最高帧动态

（五）创建终止关键帧

将时间轴光标放在第21帧，全选所有图层，按【F6】插入关键帧，按【Q】，选择需要修改的角色元件，旋转到如图6-45所示的位置。

图6-45　调整角色终止帧动态

三、成片预览

按【Ctrl+Enter】预览影片，如图6-46所示。

图6-46　可可妈妈走路关联动画预览

本章小结

本章通过小草骨骼创建、跳跃骨骼动画、可可妈妈走路关联动画等实例，详细讲解了 Animate CC 2023中的元件添加骨骼、形状添加骨骼、骨架样式、骨骼编辑控件等的创建和使用方法，掌握了骨骼动画创建关键帧，以及图层关联的关键帧创建综合使用方法和应用。

习题与训练

（1）请使用骨骼动画的相关理论和应用方法创作一个动画角色打拳的动画。
（2）请使用关联动画的相关理论和应用方法制作可可走路的动画。

思维拓展

（1）如何在第二节跳跃骨骼动画的基础上让角色在空中旋转一周后落地呢？
（2）如何将第三节的角色走路变的更流畅呢？

项目实训

请按照本章第二节和第三节的案例方法，用本教材提供的"项目实训源文件\沙滩女孩"为以下角色创建走路动画，请尝试使用骨骼动画和关联动画，如图6-47所示。

图6-47　沙滩女孩走路动画